AF829847

K T

WIE DU KANNST
SO WOLLE
1872

Die
vorkritischen Schriften Kants.

Ein Beitrag zur
Entwicklungsgeschichte der Kantischen Philosophie.

Von

Paul Boehm.

Straßburg.
Verlag von Karl J. Trübner.
1906.

Druck von M. DuMont-Schauberg, Straßburg.

„Es gibt keinen Punkt in Kants Gedankenentwicklung, an welchem ein derartiger Sprung zu finden wäre, daß das entschiedene Eingreifen eines fremden Gedankenganges eine unerläßliche Voraussetzung genannt werden müßte. Überall läßt sich das Fortschreiten sehr wohl als Fortsetzung der vorhergehenden Tätigkeit erklären."

H. Höffding, Die Kontinuität im philosophischen Entwicklungsgange Kants. Archiv Band VII, S. 176.

Benützte Literatur.

Adickes, E. Die bewegenden Kräfte in Kants philosophischer Entwicklung und die beiden Pole seines Systems (Kantstudien).

Apel, M. Immanuel Kant. 1904.

Cohen, H. Die systematischen Begriffe in Kants vorkritischen Schriften. 1873.

Dieterich, K. Die Kantische Philosophie in ihrer inneren Entwicklungsgeschichte. 1885.

Drews, A. Kants Naturphilosophie als Grundlage seines Systems.

Erdmann, B. Kants Kriticismus in der ersten und in der zweiten Auflage der Kritik der reinen Vernunft. 1878.

J. Kants Prolegomena, herausgegeben von demselben. 1878.

Reflexionen Kants zur kritischen Philosophie, herausgegeben von demselben.

Kant und Hume um 1762 (Archiv für Geschichte der Philosophie, Band I).

Martin Knutzen und seine Zeit. Ein Beitrag zur Geschichte der Wolfischen Schule und insbesondere zur Entwicklungsgeschichte Kants.

Fischer, K. Immanuel Kant und seine Lehre. 1898.

Gerland, G. Immanuel Kant, seine geographischen und anthropologischen Arbeiten. 1906.

Heymans, G. Einige Bemerkungen über die sogenannte empiristische Periode Kants (Archiv, Band II).

Höffding, H. Die Kontinuität im philosophischen Entwicklungsgange Kants (Archiv, Band VII).

Kronenberg, M. Kant, sein Leben und seine Lehre. 1904.

Külpe, O. Einleitung in die Philosophie. 1898.

Martin, R. Kants philosophische Anschauungen in den Jahren 1762 bis 1766. Inaug.-Diss. Freiburg 1887.

Michelis, Fr. Kant vor und nach dem Jahre 1770. 1871.

Paulsen, Fr. Versuch einer Entwicklungsgeschichte der Kantischen Erkenntnistheorie. 1875.

— Kants Verhältnis zur Metaphysik (Kantstudien).

Riehl, A. Geschichte und Methode des philosophischen Kriticismus. 1876.

Simmel, G. Vorlesungen über Kant. 1905.

Thiele, G. Die Philosophie Immanuel Kants nach ihrem systematischen Zusammenhange und ihrer logisch-historischen Entwicklung. 1. Band, 1. Abteilung 1882. 2. Abteilung 1887.

Windelband, W. Über die verschiedenen Phasen der Kantischen Lehre vom Ding-an-sich (Vierteljahrsschrift für wissenschaftliche Philosophie, Band I).

— Geschichte der Philosophie.

— Geschichte der neueren Philosophie.

Kants sämtliche Werke. In chronologischer Reihenfolge herausgegeben von G. Hartenstein, neue Ausgabe. 1867.

Kants gesammelte Schriften, herausgegeben von der Königlich Preußischen Akademie der Wissenschaften, Band I und II.

„Kant erklären, heißt ihn geschichtlich ableiten", sagt ein bekanntes Wort, dessen Autor durch die Ableitung des Kantischen Kritizismus aus den vorkritischen Schriften letztere zuerst zu literarischer Bedeutung erhoben hat. Allerdings geht Kuno Fischer in seiner glänzenden Rekonstruktion des Kantischen Entwicklungsganges zu weit, wenn er hie und da früheren Gedanken ursächliche Beziehungen zu späteren substituiert, wie sie tatsächlich nicht immer vorhanden sind.[1]) Dieser Fehler im Kleinen liegt übrigens in dem Hauptvorzug des Werkes begründet — der Großzügigkeit, mit welcher es ein Gesamtbild von der Entwicklung des Kantischen Genius entwirft, wie es glänzender und einheitlicher nicht gedacht werden kann. „Er reproduziert die philosophischen Systeme nach aristotelischer Vorschrift: οἷα ἂν γένοιτο", sagt Windelband[2]) von ihm, „er stellt sie dar, wie der Philosoph selbst, wenn er zum Schluß sein Denken in eine letzte Einheit hätte zusammenfassen wollen, den Ertrag seiner Arbeit hätte darstellen müssen. Erwägt man dies, so wird man begreifen, weshalb vielfach die Einzelforschung an Kuno Fischers Rekonstruktion Anstoß genommen hat."[3]) Jedenfalls hat Kuno Fischer bewiesen, daß sich das Kantische System — dessen Schwerpunkt noch heute kein einheitlich bestimmter ist — nur durch die Kenntnis seiner Entwicklungsgeschichte begreifen lasse und jene Versuche als verfehlt zu bezeichnen

---

[1]) Cf. Cohen: „Die systematischen Begriffe in Kants vorkritischen Schriften" und Paulsen „Entwicklungsgeschichte", Einleitung.

[2]) „Kuno Fischer und sein Kant", Festschrift der Kantstudien.

[3]) Cf. auch Paulsen, „Entwicklungsgeschichte der Kantischen Erkenntnistheorie", Einleitung:

„Fischers Verfahrungsweise, das Einzelne mehr aus dem Gedanken des Ganzen neu hervorzubringen, als es aufzusuchen und anzuerkennen, wie es vorliegt, . . . hat zu nicht unbedenklichen Willkürlichkeiten und Mißgriffen Anlaß gegeben."

sind, welche die vorkritischen Schriften als unnötig zur Darstellung der Kantischen Lehre unberücksichtigt lassen.

Die bedeutendsten Entwicklungsgeschichten der Kantischen Philosophie weisen nun die überraschende Tatsache auf, daß sie gerade an den entscheidenden Punkten die widersprechendsten Ergebnisse gezeitigt haben. Es gibt bekanntlich drei Stellen in Kants Entwicklungsgang, die der genetischen Forschung besondere Schwierigkeiten bieten:

1. Der Umschwung vom Leibniz-Wolffschen Dogmatismus zum sogenannten Empirismus und Skeptizismus der 60er Jahre.
2. Der Übergang zum Rationalismus der Inauguraldissertation; und
3. Die Grundlegung des Kritizismus.

Bei jeder dieser drei Stellen ist die Hypothese aufgestellt worden, die „Umkippung“ lasse sich nur durch Einwirkung fremder Gedankenarbeit begreiflich machen; an jeder der drei Stellen ist aber auch der fremde Einfluß mit derselben Entschiedenheit geleugnet, wie behauptet worden: Kants Neigung zum Empirismus und Skeptizismus z. B. läßt Kuno Fischer unter Humes Einfluß geschehen, „und zwar nach Kants eigenem Zeugnis, das jeden Zweifel darüber ausschließt.“[1]) Paulsen läßt Kant dieselbe Wandlung immanent vollziehen, ohne daß Kant Hume gelesen habe. Oder: Im Jahre 1769 hält Erdmann eine Beeinflussung seitens Leibnizens für „ausgeschlossen“; Windelband behauptet Kants Abhängigkeit in dieser Zeit von der Leibnizschen Erkenntnistheorie, und Paulsen wiederum läßt hier den Einfluß Humes wirksam werden usf.

Der Streit über die fremden Einflüsse und ihre Datierung rechtfertigt den Versuch, den Entwicklungsgang Kants einmal rein immanent darzustellen und von solchen Einflüssen abzusehen. Gelingt die Durchführung, so ergibt sich, daß fremde Einflüsse jedenfalls nicht allzuviel besagen.

Eine solche Darstellung soll nicht das geistige Wachs-

---

[1]) Kuno Fischer, „Geschichte der neueren Philosophie“, Jubiläumsausgabe 1898, Band IV, S. 294.

tum Kants lediglich aus inneren Prinzipien heraus und unter Ableugnung jeglichen fremden Einflusses seitens zeitgenössischer Philosophen erklären; ein derartiger Versuch müßte, weil unhistorisch und unsachlich, als verfehlt bezeichnet werden; denn Kant selbst weist gelegentlich auf fremden Einfluß hin. Sie will vielmehr nur da von der Herbeiziehung fremder Einflüsse absehen, wo das vorliegende Material es unentschieden läßt, ob eine Einwirkung fremder Gedankenarbeit stattgefunden hat, und wo sich das Fortschreiten ohne diese Voraussetzung erklären läßt.

Heißt das aber nicht ein Problem, welches Kant selbst seinen Lesern in den Weg gelegt hat, umgehen, nur darum, weil eine definitive Entscheidung nicht möglich ist?

Allerdings, wenn es aus Kants Schriften unzweideutig hervorgeht, daß ein bestimmter fremder Einfluß überhaupt stattgefunden hat, wie dies der Fall ist bei Hume nach der bekannten Stelle in den Prolegomena (Vorrede S. 8:[1]) „Ich gestehe frei: die Erinnerung des David Hume war eben dasjenige, was mir vor vielen Jahren zuerst den dogmatischen Schlummer unterbrach und meinen Untersuchungen im Felde der spekulativen Philosophie eine ganz andere Richtung gab“), und nur der Zeitpunkt dieser Einwirkung zweifelhaft bleibt, wie dies ebenfalls bei dem obigen Beispiel zutrifft, dann bleibt die Bestimmung dieses Zeitpunktes als ein zu lösendes Problem zurück. Auf Humes Einfluß hat Kant selbst zu bestimmt hingewiesen, als daß er geleugnet werden dürfte. Der Humesche Einfluß ist also zeitlich und seinem Umfang nach zu bestimmen.

Anders steht es mit der Einwirkung der „Nouveaux Essais“ von Leibniz, welche die „Umkippung“ vom Jahre 1769 erklärlich machen soll. Kant hat sich zu derselben nie bekannt. Heißt das also nicht ein Problem suchen, wo gar keines vorhanden ist, vorausgesetzt, daß sich der Umschwung in Kants Denken vom Jahre 1769 ohne das Ein-

---

[1]) Kant, Band IV. Hartensteinsche Ausgabe von 1867. Die vorkritischen Schriften sind zitiert nach der Ausgabe der Preußischen Akademie, Band I und II. Alle übrigen Stellen sind der Hartensteinschen Ausgabe entnommen (Band III bis VIII).

greifen dieser fremden Gedankenarbeit psychologisch erklären oder als notwendig darstellen läßt?

Ferner, sollte eine Entwicklungsgeschichte, welche diese Frage unbeachtet läßt, weil sie ihrer problematischen Lösung nicht bedarf, diesen Fehler — wenn es überhaupt ein Fehler ist — nicht aufwiegen können durch den Vorzug einer einheitlichen und geschlossenen Darstellung, zumal wenn aus dem Lager der Kantphilologen heraus die Erklärung abgegeben worden ist, daß „eine definitive Entscheidung in dieser Frage nicht möglich sei?“[1])

Von den vorkritischen Schriften Kants bleiben diejenigen, welche in keinem engeren Zusammenhang zu Kants Metaphysik oder Erkenntnistheorie stehen, in der nachfolgenden Abhandlung unberücksichtigt; sie will keine Entwicklungsgeschichte der Kantischen Philosophie überhaupt geben, sondern lediglich eine Geschichte der Umbildung seiner metaphysischen und erkenntnistheoretischen Anschauungen bis zur Grundlegung des Kritizismus.

---

[1]) Vaihinger über Erdmanns „Reflexionen Kants zur kritischen Philosophie“.

I.

Wie mit der Naturphilosophie, d. h. der Metaphysik der Natur, das philosophische Denken des Altertums begann, wie allgemein der menschliche Forschungsgeist, unbekümmert um die Schranken, die seinen Kräften gesetzt sind, naturgemäß früher auf die höchsten Probleme, auf den gesamten Zusammenhang der Naturerscheinungen, auf das Wesen, den „Urgrund" alles Seienden, gerichtet war und kühn einzudringen suchte in das,

„Was die Welt
Im Innersten zusammenhält",

ehe er sich auf den Anteil besann, den das erkennende Subjekt an dem Zustandekommen der Erkenntnisse hat, so mußte auch Kant in seiner wissenschaftlichen Entwicklung der kritischen Untersuchung über die Frage nach der Erkenntnis der Dinge die naivere nach der Entstehung der Dinge selbst, nach dem Ursprung und dem Prinzip der Welt vorangehen lassen.

Als ein für seine Entwicklung überaus günstiges Moment kann man es bezeichnen, daß er von seinem trefflichen Lehrer Martin Knutzen in das Studium der Newtonschen Naturphilosophie („Principia philosophiae naturalis mathematica") eingeführt wurde;[1]) es sollte ihm nicht nur deren Methode zum steten Vorbild exakter Forschung und kritischer Untersuchung werden, Newtons Ideen gaben ihm auch direkte Anregung zur selbständigen Bearbeitung metaphysischer Probleme, welche mit seinen kritischen Hauptwerken in innigem Zusammenhang stehen. Von hier datiert seine Achtung vor der strengen Wissenschaftlichkeit der Mathematik und Physik.[2])

---

[1]) B. Erdmann, Martin Knutzen und seine Zeit, S. 130.

[2]) „Man hört hin und wieder Klagen über Seichtigkeit der Denkungsart unserer Zeit und den Verfall gründlicher Wissenschaft. Allein ich sehe nicht, daß die, deren Grund gut gelegt ist, als Mathematik, Naturlehre usw. diesen Vorwurf im mindesten ver-

Auch Kant war natürlich ein Kind seiner Zeit und als solches bei Beginn seiner wissenschaftlichen Laufbahn im herrschenden Dogmatismus der Leibniz-Wolffschen Schule befangen. Die mathematisch exakte Methode der Newtonschen Naturphilosophie aber war, wie keine andere, geeignet, den kritischen Blick des jungen Philosophen zu schärfen. Beim Durchlesen gerade der Jugendwerke Kants wird sich niemand des Eindrucks erwehren können, daß Kant nichts rein passiv aufgenommen hat; überall steht sein eigenes Urteil im Vordergrunde, unerschrocken rückt er den Dogmatikern der alten Schule zu Leibe, selbständig und kritisch steht er jedem fremden System gegenüber, und mit einem „gewissen edlen Vertrauen in seine eigenen Kräfte" übt der 23 jährige in seinem Erstlingswerke vom Jahre 1747 über „die wahre Schätzung der lebendigen Kräfte"[1]) nicht nur an den physikalischen Grundbegriffen der Leibnizschen und Descartesschen Naturphilosophie Kritik, sondern auch an der ganzen Methode der Metaphysik und der Philosophie überhaupt. (Cf. Vorrede I. III. V. VI. VII.)

Während Kant die Universität seiner Vaterstadt besuchte, fand gerade der berühmte Streit um die prästabilierte Harmonie, der innerhalb der Leibniz-Wolffschen Schule ausgebrochen war, einen vorläufigen Abschluß. Knutzen, einem der bedeutenderen Vertreter der freieren Richtung des Wolffianismus, gebührt der Ruhm, das entscheidende Wort in dieser Sache gesprochen zu haben („Systema causarum efficientium" 1745).

Da Knutzen einen hervorragenden Einfluß auf den Bildungsgang des jungen Philosophen ausübte, ist es leicht erklärlich, daß sich Kant zu der Entscheidung seines Lehrers

---

dienen, sondern vielmehr den alten Ruhm der Gründlichkeit behaupten, in der letzteren aber sogar übertreffen." Kr. d. r. V. III., S. 7, Vorrede.

[1]) Gedanken von der wahren Schätzung der lebendigen Kräfte und Beurteilung der Beweise, deren sich Herr von Leibniz und andere Mechaniker in dieser Streitsache bedient haben, nebst einigen vorhergehenden Betrachtungen, welche die Kraft der Körper überhaupt betreffen. 1747.

für das Prinzip des physischen Einflusses (influxus physicus) bekannte.[1])

Abgesehen von der persönlichen Beeinflussung lag aber für Kant noch ein anderer bestimmender Grund vor, sich der Annahme seines Lehrers anzuschließen. Nur wenn er es tat, konnte er sich die Newtonsche Weltanschauung aneignen; denn diese stand mit dem System der prästabilierten Harmonie in offenbarem und direkten Widerspruch.

Nach dem ersten Grundsatz des Systems der prästabilierten Harmonie findet zwischen den Monaden kein wechselseitiger Verkehr und keine Verbindung irgend welcher Art statt; jede folgt nur den Gesetzen ihres eigenen Wesens; die innere Übereinstimmung des Universums bleibt aber gewahrt dadurch, daß jede Monade das ganze Universum abspiegelt.

So gehen die Veränderungen sämtlicher Monaden parallel, und eben hierin besteht die (von Gott prästabilierte) Harmonie.

Newtons Weltanschauung dagegen setzt die Möglichkeit einer wechselseitigen Einwirkung der Substanzen voraus. Seine wissenschaftliche Tat besteht darin, daß er die von Kepler und Galilei gefundenen Gesetze der Planetenbewegungen auf das Gesetz der allgemeinen Massenanziehung oder Gravitation (Alle Körper ziehen sich an mit einer Kraft, die den anziehenden Massen direkt, dem Quadrat ihrer Entfernungen umgekehrt proportional ist) zurückführte und die gegenseitige Anziehung als eine allgemeingiltige Eigenschaft der Körper nachwies.

Leibniz bestritt die Gravitation und leitete die Anziehung, ähnlich wie Descartes, aus der Bewegung eines durch das Universum verteilten Äthers ab; er führte mit Descartes alle Bewegungen auf unmittelbare Berührung der Körper durch Druck oder Stoß zurück; er ließ mit anderen Worten nur die Repulsionskraft bestehen.[2])

---

[1]) I. S. 20/1 („Gedanken von der wahren Schätzung“ § 5, 6).

[2]) „Es ist zu einem Grundsatze in der Naturlehre geworden, daß keine Bewegung in der Natur entstehe, als vermittelst einer Materie, die auch in wirklicher Bewegung ist; und daß also die Be-

Der Zweck des Kantischen Jugendwerkes sollte sein, den Cartesianischen und Leibnizschen Kraftbegriff im Sinne der Newtonschen Naturphilosophie zu berichtigen und neu zu bestimmen; denn „wir haben noch zur Zeit keine dynamischen Grundsätze, auf welche wir mit Recht bauen können. Unsere Schrift, welche die wahre Schätzung der lebendigen Kräfte darzulegen verspricht, sollte diesen Mangel ergänzen" (I. S. 117) „und an Stelle der Schätzungen des Cartesius und Leibniz zum Fundament der wahren Dynamik werden" (I. S. 148).

Zwischen Cartesius und Leibniz bestand aber ein alter Streit über die Schätzung der lebendigen Kräfte. Die Anhänger des Cartesius schätzten die Kräfte der bewegten Körper nach den Geschwindigkeiten schlechthin, Leibniz und seine Schule setzten zu ihrem Maße das Quadrat ihrer Geschwindigkeit (cf. § 22).

Kant nimmt in dieser wichtigen Streitfrage eine vermittelnde Stellung ein:[1]) Er teilt alle Bewegungen in zwei Hauptarten ein: die eine (freie Bewegung) soll die Eigenschaft haben, daß sie sich in dem Körper, dem sie mitgeteilt worden, selber erhält und ins Unendliche fortdauert, wenn kein Hindernis sich entgegensetzt; (lebendige Kraft) z. B. die geschossenen Kugeln und alle geworfenen Körper. Die andere (unfreie Bewegung) ist eine immerwährende

---

wegung, die in einem Teile der Welt verloren gegangen, durch nichts anders, als entweder durch eine andre wirkliche Bewegung oder die unmittelbare Hand Gottes könne hergestellt werden." (I. S. 60).

[1]) „Wenn Männer von gutem Verstande . . . ganz wider einander laufende Meinungen behaupten, so ist es der Logik der Wahrscheinlichkeiten gemäß, seine Aufmerksamkeit am meisten auf einen gewissen Mittelsatz zu richten, der beiden Parteien in gewissem Maße Recht läßt." § 20 I. S. 32. — „Man wird keinen von beiden großen Weltweisen, weder Leibnizen noch Cartesen, durchaus des Irrtums schuldig geben können . . . Es heißt gewissermaßen die Ehre der menschlichen Vernunft verteidigen, wenn man sie in den verschiedenen Personen scharfsinniger Männer mit sich selber vereinigt und die Wahrheit, welche diese ihre Gründlichkeit niemals gänzlich verfehlt, auch alsdann herausfindet, wenn sie sich gerade widersprechen." § 125. I. S. 149.

Wirkung einer stets antreibenden äußerlichen Kraft; sie verschwindet ebensobald, als diese aufhört, sie zu erhalten; (tote Kraft, d. h. Druck- und Zugkraft) z. B. die Bewegung einer Kugel, die von der Hand sachte fortgeschoben wird, oder sonst alle Körper, die getragen oder mit mäßiger Geschwindigkeit gezogen werden (cf. § 15. 16).

Im ersten Fall läßt er das Leibnizsche, im zweiten das Descartessche Prinzip gelten. Dies das faktische Ergebnis der „Dynamischen Physik".

Der sachliche Inhalt der Schrift interessiert uns hier weniger, zumal auch die neu aufgestellten physikalischen Begriffe nicht voll befriedigen. Lessing hatte wohl recht, wenn er gegen die jugendliche Unreife der ganzen Schrift das Epigramm münzte:

„Kant unternimmt ein schwer Geschäfte
Der Welt zum Unterricht,
Er schätzet die lebend'gen Kräfte,
Nur seine schätzt er nicht".

Was uns zu beschäftigen hat, ist das Verhältnis der neuen Kräfteschätzung zur Metaphysik.

Darin stimmten Descartes und Leibniz überein, daß sie beide nur die Wirksamkeit repulsiver Kräfte anerkannten.

Der allgemein anerkannten Abstoßungskraft hatte aber schon Newton die Anziehungskraft als gleich wesentlich zur Seite gestellt, d. i. das Vermögen der Körper, aus der Ferne wie aus der Nähe einander anzuziehen. Kant weist nun diese Annahme auch vom Standpunkt der Metaphysik als berechtigt nach:[1])

---

[1]) „Es kommt alles darauf an, daß ein Körper eine wirkliche Bewegung erhalten könne, auch durch die Wirkung einer Materie, welche **in Ruhe ist**. Hierauf gründe ich mich. Die allerersten Bewegungen in diesem Weltgebäude sind nicht durch die Kraft einer bewegten Materie hervorgebracht worden; denn sonst würden sie nicht die ersten sein. Sie sind aber auch nicht durch unmittelbare Gewalt Gottes, oder irgend einer Intelligenz verursacht worden, so lange es noch möglich ist, daß sie durch Wirkung einer Materie, welche im Ruhestande ist, haben entstehen können; denn Gott erspart sich so viele Wirkungen, als er ohne den Nachteil der Weltmaschine tun kann, hingegen macht er

„Der Grund dieses Gedankens ist metaphysisch und also auch nicht nach dem Geschmacke der jetzigen Naturlehrer; allein es ist zugleich augenscheinlich, daß die allerersten Quellen von den Wirkungen der Natur durchaus ein Vorwurf der Metaphysik sein müssen" (I. S. 61).

Die Notwendigkeit dieser Annahme stellt er erst später und ausführlicher dar in der Schrift: „Metaphysicae cum geometria junctae usus in philosophia naturali", Prop. X:

„Corpora per vim solam impenetrabilitatis non gauderent definito volumine, nisi adforet alia pariter insita attractionis, cum illa conjunctim limitem definiens extensionis.

Vis impenetrabilitatis est vis repulsiva, externa quaevis ab appropinquatione ulteriori arcens. Cum haec vis sit cuilibet elemento ingenita, ex ipsius natura intelligi quidem poterit, cur pro distantiae, ad quam extenditur, augmentis intensitas actionis diminuatur; quod in distantia quavis data plane nulla sit, intelligi plane per se non potest. Ideoque apud hanc solam si steterit, corporum compages plane nulla foret, quippe, repellentibus se modo particulis, corporique nullum constaret volumen definito limite circumscriptum. Necesse igitur est, ut opponatur huic conatui alius oppositus, et in data distantia aequalis limitem spatio occupando determinans. Qui cum repulsioni exadversum agat, est attractio. Opus igitur est cuilibet elemento praeter vim impenetrabilitatis alia attractiva, a qua si discesseris, non resultarent determinata corporum naturae volumina.

Ambarum virium tam repulsionis quam attractivae quae sint in elementis leges indagare, ardui sane momenti est investigatio et digna, quae ingenia exerceat perspicaciora. Mihi hic loci sufficit earum exsistentiam, quantum per brevitatis legem licuit, certissime evictam reddidisse" (I. S. 484).

---

die Natur so tätig und wirksam, als es nur möglich ist. Ist nun die Bewegung durch die Kraft einer an sich toten und unbewegten Materie in die Welt zu allererst hineingebracht worden, so wird sie sich auch durch dieselbe erhalten und, wo sie eingebüßt hat, wiederherstellen können." I. S. 62.

Doch der Einführung des neuen Kraftbegriffs standen noch andere Bedenken entgegen:

Die Annahme einer ohne räumliche Berührung wirkenden Attraktionskraft widersprach der herrschenden Anschauung vom Wesen des Raumes und seinem Verhältnis zur Kraft der Körper. Für das Zustandekommen materieller Wechselwirkung war nach der gemeinen Ansicht räumliches Beisammensein erforderlich; der Raum galt als die Bedingung für das Wirken der Materie.

Deshalb sucht Kant mit Leibniz,[1]) bei welchem der Raum die Ordnung der möglichen gleichzeitigen Dinge ist, zu beweisen, daß die räumlichen Verhältnisse umgekehrt eine Folge sind der materiellen Einwirkungen. „Es ist leicht zu erweisen, daß kein Raum und keine Ausdehnung sein würden, wenn die Substanzen keine Kraft hätten außer sich zu wirken. Denn ohne diese Kraft ist keine Verbindung, — weil alle Verbindung und Relation außer einander existierender Substanzen von den gewechselten Wirkungen, die ihre Kräfte gegeneinander ausüben, herrührt — ohne diese keine Ordnung und ohne diese endlich kein Raum."

„Denn wenn wir den Begriff von demjenigen zergliedern, was wir den Ort nennen, so findet man, daß er die Wirkungen der Substanzen in einander andeutet" (I. S. 21. 23).

Gegenüber der ursprünglichen, primären Kraft, — das sei hier besonders konstatiert — ist also der Raum zu Anfang der vorkritischen Periode ein Abgeleitetes, Sekundäres, ein Produkt der Kraft, eine Krafterscheinung.

Aus der neuen Raumbestimmung ergeben sich die wunderbarsten Sätze:

Es ist durchaus nicht notwendig, daß jede Substanz mit anderen in Verbindung stehe; sie kann als selbständiges Wesen, welches die vollständige Quelle aller seiner Bestimmungen in sich enthält, sehr wohl existieren ohne jede äußerliche Relation gegen andere. Weil aber ohne äußer-

---

[1]) „Leibniz, dem die menschliche Vernunft so viel zu verdanken hat, lehrte zuerst, daß dem Körper eine wesentliche Kraft beiwohne, die ihm sogar noch vor der Ausdehnung zukommt. Est aliquid praeter extensionem, imo extensione prius; dieses sind seine Worte." (I. S. 17)

liche Verbindung keine Ordnung, ohne diese kein Raum ist, so wird der paradoxe Satz zur Möglichkeit: Daß Dinge wirklich existieren können, aber doch nirgends in der Welt vorhanden sind (cf. § 7).

Noch andere, nicht minder wunderbare Sätze, deren Autorschaft Kant für sich in Anspruch nimmt, fließen aus derselben Quelle: Wenn nämlich dergleichen Wesen viele sind, welche mit keinem anderen Dinge der Welt in Verknüpfung stehen, welche mithin gar nicht zu dieser Welt gehören, allein gegen einander eine Relation haben, so können dieselben ein ganz besonderes Ganzes, eine Welt für sich ausmachen, und es wird, auch in metaphysischer Bedeutung genommen, möglich, daß mehr als eine Welt existiere, ja daß Gott viele Millionen Welten erschaffen habe, wenn es auch unentschieden bleibt, ob sie wirklich existieren oder nicht (cf. § 8). Die Eigenschaft der Ausdehnung, mithin auch die dreifache Dimension des Raumes, gründet sich, wie gesagt, auf das Gesetz, nach welchem die Kräfte der Substanzen in einander wirken. Dieses Gesetz ist ein willkürliches, es kann in jeder anderen Welt ein anderes sein; daraus würde eine jedesmalige Ausdehnung (Raum) von anderen Eigenschaften und Abmessungen folgen, als die unseres dreidimensionalen Raumes.

Wie sich aber dann die Möglichkeit verschiedenartiger Räume vereinbaren lasse mit der Unmöglichkeit, uns einen Raum von mehr als drei Dimensionen vorzustellen, diese Frage mußte nun naturgemäß aufgeworfen werden.

Kant hat es auch getan und sich über die Schwierigkeit ihrer Lösung keineswegs hinweggetäuscht, wenn er auch noch weit davon entfernt war, sie beantworten zu können.

Er bricht das Problem, auf welches zurückzukommen er sich vorbehält, einstweilen mit den Worten ab: „Die Notwendigkeit der dreifachen Abmessung ... beruht auf einer gewissen anderen Notwendigkeit, die ich noch nicht zu erklären imstande bin“ (S. 23).

Man ersieht aus diesen Beispielen, zu welch kühnen Hypothesen und phantastischen Spielereien eine Metaphysik führen konnte, welche ohne kritische Voruntersuchung ihres eigenen Erkenntnisvermögens das Weltganze ergründen will.

Wenn der Raum keine Bedingung mehr ist für das Wirken der Materie, sondern ein Kraftprodukt, dann ist er auch keine trennende Schranke mehr zwischen den mit verschiedenen Kräften begabten Körpern; dann fallen auch die falschen Voraussetzungen in sich zusammen, daß „keine Bewegung in der Natur entstehe, als vermittelst einer Materie, die auch in wirklicher Bewegung ist; und daß also die Bewegung, die in einem Teile der Welt verloren gegangen, durch nichts anders, als entweder durch eine andere wirkliche Bewegung, oder die unmittelbare Hand Gottes könne hergestellt werden" (I. 60).

Wie ist es aber dann zu erklären, daß so große Schlußkünstler, wie Cartesius und Leibniz, auf solche Abwege geraten konnten? Den Grund sieht Kant in der Mißachtung des Unterschiedes zwischen mathematischer und physikalischer Betrachtungsweise oder zwischen reiner und empirischer Mechanik. Kant ist bestrebt, die Verschiedenheit mathematischer und natürlicher Körper und der beiderseits betreffenden Gesetze klar zu legen: Die Mathematik setzt den Begriff von ihrem Körper selber fest; dieser ist ein Ding, welches von dem Körper der Natur ganz unterschieden ist; es kann daher etwas bei jenem wahr sein, was bei diesem nicht zutrifft. Die Mathematik erlaubt nicht, daß ihr Körper eine Kraft habe, die nicht von demjenigen, der die äußerliche Ursache seiner Bewegung ist, gänzlich hervorgebracht worden; (§ 114, 115), d. h. sie erlaubt an ihrem Körper keine freie Bewegung und damit kein anderes Kräftemaß, als das Cartesianische. In der Natur dagegen sind wirklich diejenigen Kräfte zu finden, deren Maß das Quadrat ihrer Geschwindigkeit ist; das Dasein der lebendigen Kräfte in der Natur gründet sich auf die Voraussetzung, daß es darin freie Bewegungen gibt. „Die freie und immerwährende Bewegung der Planeten leistet diese Gewährung" (§ 126). Die Entscheidung in der Streitsache der Kräfteschätzung ist also der Mathematik abzusprechen. Wenn beide Parteien bei diesem Zwiespalt dennoch darin einig waren, daß man es auf den Ausspruch der Mathematik müsse ankommen lassen, so haben sie sich eben nicht klar gemacht, ob dieses auch der Weg sei, der sie zum Besitz der Wahrheit führen könne, welcher sie nachgespürt haben (§ 28). „Man muß eine Methode haben, vermittelst welcher man in jedwedem Falle durch eine allgemeine Erwägung der Grundsätze, worauf eine gewisse Meinung erbauet worden, und durch die Vergleichung derselben mit der Folgerung, die aus denselben gezogen wird, abnehmen kann, ob auch die Natur der Vordersätze alles in sich fasse, was in Ansehung der hieraus geschlossenen Lehren erfordert wird" (§ 88). Seine ganze Abhandlung sei einzig und allein als ein Geschöpf von dieser Methode zu denken. Der Mangel an Methode sei eine Ursache mit gewesen, weshalb gewisse offenbare Irrtümer so lange verborgen geblieben seien. Kant empfiehlt der wissenschaftlichen Beweisführung die Kunst, aus den Vordersätzen zu erraten und zu mutmaßen, ob ein auf gewisse Weise eingerichteter Beweis in Ansehung der Folgerung auch werde hinlängliche und vollständige Grundsätze in sich halten, und lieber einen Fehler mehr zu vermuten, auch wo wir ihn nicht gleich erblicken. Dieses Verfahren soll einen Wall gegen die gefährliche Bereitwilligkeit des Beifalls abgeben, der sonst alle Tätigkeit des Verstandes von der Untersuchung eines Gegenstandes abwenden würde, indem er gar keine Ursache findet, einen Zweifel und Mißtrauen zu setzen. „Wenn man sich jeder Zeit dieser Art zu denken beflissen hätte, so hätte man sich in der Philosophie viel Irrtümer ersparen können, zum wenigsten wäre es ein Mittel gewesen, sich aus denselben viel zeitiger herauszureißen. Ich unterstehe mich gar zu sagen, daß die Tyrannei der Irrtümer über den menschlichen Verstand, die zuweilen ganze Jahrhunderte hindurch gewährt hat, vornehmlich von dem Mangel dieser Methode, oder anderer, die mit derselben eine Verwandtschaft haben, hergerührt hat, und daß man sich also dieser nunmehr vor anderen zu befleißigen habe, um jenem Übel inskünftige vorzubeugen" (I. S. 95).

Dieses Verfahren sei die Hauptquelle seiner Abhandlung gewesen und sei besonders der Metaphysik zu empfehlen; „denn eine metaphysische Untersuchung, insbesondere eine, die so verwickelt und zusammengesetzt ist, verstattet nach allen Seiten noch immer unzählige Schlupfwinkel, wohin der eine von den Gegnern sich retten kann, ohne daß ihn der andere zu verfolgen oder hervorzuziehen imstande ist" (I. S. 99).

Überhaupt ist unsere Metaphysik, wie viele andere Wissenschaften, in der Tat nur an der Schwelle einer recht gründlichen Erkenntnis (I. S. 30). Das heißt nicht, daß sie nunmehr nebensächlich oder gar entbehrlich wäre; die Grundbegriffe der Physik können nur Gegenstand der Metaphysik sein; aber will sie eine gründliche Wissenschaft werden, so muß sie sich erst eine gründliche Methode anschaffen.

Dieses sowie das Raumproblem sollten Kant noch wiederholt beschäftigen.

Solche allgemeinphilosophische Gedanken blicken, wenn auch nur andeutungsweise, aus der genannten Schrift mit kritischem Auge hervor; sie stören zwar den einheitlichen Charakter derselben, aber gerade dieser Nebenzweck, das kritisch-philosophische Interesse, die skeptischen Ausblicke auf den gesamten Zustand der Philosophie, die metaphysischen Probleme neben den rein matematisch-naturwissenschaftlichen sind es, die der Schrift dauernden Wert verleihen.

Auf Grund der von Newton gefundenen Gesetze der Anziehung, die Entstehung des Weltgebäudes mechanisch zu erklären, „einen Plan des Weltgebäudes" zu entwerfen, „der einfach und begreiflich genug ist, um die zusammengesetzten Erscheinungen der Natur daraus herzuleiten" (I. 60), dieses großartige Ziel stand dem Jüngling Kant schon bei Abfassung seiner ersten Schrift vor Augen. Hier war der Ausgangspunkt seines selbständigen Schaffens. Die glänzende Ausführung dieses Planes in seiner:

„Allgemeinen Naturgeschichte und Theorie des Himmels" [1])

vom Jahre 1755 ist seine erste reife Mannestat.[2])

[1]) „Allgemeine Naturgeschichte und Theorie des Himmels oder Versuch von der Verfassung und dem mechanischen Ursprunge des ganzen Weltgebäudes, nach Newtonschen Grundsätzen abgehandelt". 1755.

[2]) Die abfällige Kritik Herders (ein „recht Jünglingsbuch") trifft nur die naturwissenschaftliche Leistung, nicht den philosophischen Wert des Buches; cf. Gerland, Immanuel Kant, seine geographischen und anthropologischen Arbeiten, 8. u. 9. Vorlesung.

Um diesen Plan verwirklichen zu können, mußte er den Leibnizschen und Cartesianischen Kraftbegriff im Sinne der Newtonschen Naturphilosophie rektifizieren. Das war in der Kräfteschätzung geschehen.

Gestützt auf den neuen Kraftbegriff konnte Kant es nunmehr wagen, die Entstehung des Universums mechanisch, d. h. lediglich durch das Vorhandensein der Materie mit den ihr innewohnenden Kräften der Anziehung und Abstoßung abzuleiten.

Newton hatte sich damit begnügt, die Verfassung und den Bestand unseres Weltsystems nach mechanischen Gesetzen zu erklären. Damit hatte er allerdings die Willkür göttlicher Eingriffe aus bestimmten Bezirken der Natur verbannt und an ihre Stelle gesetzmäßiges Geschehen gesetzt. Den göttlichen Willen aber gänzlich aus der Ordnung der Natur auszuschalten, hatte er nicht vermocht. Er hatte nur bewiesen, daß, wenn einmal die Gestirne gleichsam von der Hand Gottes in den Raum geworfen waren, ihre Bewegungsgesetze konstante sind. Woher aber der Anfang, der erste Anstoß der harmonischen Bewegung, woher die Gesetzmäßigkeit selbst stamme, das wußte er nicht anders zu erklären als durch ein direktes Eingreifen der schöpferischen Macht Gottes. Er behauptete, die Hand Gottes habe diese Anordnung unmittelbar ohne die Anwendung der Kräfte der Natur zuwege gebracht.[1]) „Newton, welcher Ursachen hatte, den Einsichten seiner Weltweisheit so viel als irgend ein Sterblicher zu vertrauen, sah sich genötigt, allhier die Hoffnung aufzugeben, die Eindrückung der den Planeten beiwohnenden Schwungkräfte ohnerachtet aller Übereinstimmung, welche auf einen mechanischen Ursprung zeigte, durch die Gesetze der Natur und die Kräfte der Materie aufzulösen" (I. 338).

Kant schien es für einen Philosophen eine betrübte Entschließung zu sein, bei einer zusammengesetzten, und noch

---

[1]) Cf. Gerland, Immanuel Kant, seine geographischen und anthropologischen Arbeiten, S. 53, Anm. 1: „Hi omnes motus regulares originem non habent ex causis mechanicis"; . . . „Elegantissima haecce solis, planetarum et cometarum compages non nisi consilio et dominio entis intelligentis et potentis oriri potuit" (Newton, Phil. nat. princ.).

weit von den einfachen Grundgesetzen entfernten Beschaffenheit die Bemühung der Untersuchung aufzugeben, und sich mit der Anführung des unmittelbaren Willens Gottes zu begnügen (ebd.). Die von Newton gezogene Grenzlinie, welche die Natur und den Finger Gottes, den Lauf der eingeführten Gesetze der ersteren und den Wink des letzteren von einander scheidet, erkannte er nicht an; die Beugung vor der Theologie erachtete er als ein der wissenschaftlichen Forschung unwürdiges Prinzip. Es lag also schon im Sinne einer freien Naturforschung, wenn er die göttliche Willkür bis an die äußersten Grenzen des Naturerkennens zurückzudrängen suchte,[1]) um das von Newton begonnene Werk zu vollenden.[2])

Außerdem sprachen aber auch die Tatsachen der Erfahrung, die Beobachtung der Gesetzmäßigkeit in den Bewegungen der Planeten gegen die willkürliche Annahme übernatürlicher Eingriffe in das gleichförmige Räderwerk der Natur. Die Einfachheit und Gleichförmigkeit aller Umläufe und Umdrehungen in unserm Sonnensystem legten es vielmehr nahe, auch die Entstehung der Bewegung auf einfache und konstante Bewegungsgesetze zurückzuführen. Der Umstand endlich, daß fast alle Bahnen in demselben Sinne beschrieben werden, gab ihm zu dem Gedanken Anlaß, daß das ganze Sonnensystem aus einer einzigen bis über die Saturnbahn hinausreichenden Masse allmählich entstanden sei:[3])

---

[1]) Schon in der Kräfteschätzung hieß es:

„Die allerersten Bewegungen in diesem Weltgebäude sind nicht durch die Kraft einer bewegten Materie hervorgebracht worden. Denn sonst würden sie nicht die ersten sein. Sie sind aber auch nicht durch die unmittelbare Gewalt Gottes, oder irgend einer Intelligenz verursacht worden, so lange es noch möglich ist, daß sie durch Wirkung einer Materie, welche im Ruhestande ist, haben entstehen können; denn Gott erspart sich so viele Wirkungen, als er ohne den Nachteil der Weltmaschine tun kann, hingegen macht er die Natur so tätig und wirksam, als es nur möglich ist" (I. S. 62).

[2]) „Allein eben dieselbe Schwierigkeit, welche dem Newton die Hoffnung benahm, ... ist die Quelle der Lehrverfassung gewesen, die wir ... vorgetragen haben" (I. S. 339).

[3]) „Wenn man einesteils erwägt, daß 6 Planeten mit 10 Begleitern, die um die Sonne, als ihren Mittelpunkt, Kreise beschreiben, alle nach

„Man ist hierbei nicht lange in Verlegenheit, das Triebwerk zu entdecken, welches diesen Stoff der sich bildenden Natur in Bewegung gesetzt haben möge. Der Antrieb selber, der die Vereinigung der Massen zuwege brachte, die Kraft der Anziehung, welche der Materie wesentlich beiwohnt und sich daher bei der ersten Regung der Natur zur ersten Ursache der Bewegung so wohl schickt, war die Quelle derselben" (I 339/40).

So bedurfte es für Kant tatsächlich weiter nichts als der beiden Grundkräfte der Attraktion und der Repulsion, welche das Wesen der Materie ausmachen, um aus dieser die Ursachen zu bestimmen, die zur Einrichtung des Weltsystems beigetragen haben, und das stolze Wort zu bewahrheiten: „Gebt mir nur Materie, ich will euch eine Welt daraus bauen" (I S. 229[1]).

---

einer Seite sich bewegen und zwar nach derjenigen, nach welcher sich die Sonne selber dreht, welche ihrer aller Umläufe durch die Kraft der Anziehung regiert, daß ihre Kreise nicht weit von einer gemeinen Fläche abweichen, nämlich von der verlängerten Äquatorfläche der Sonne, daß bei den entferntesten der zur Sonnenwelt gehörigen Himmelskörper, wo die gemeine Ursache der Bewegung dem Vermuten nach nicht so kräftig gewesen, als in der Nahheit zum Mittelpunkte, Abweichungen von der Genauheit dieser Bestimmungen stattgefunden, die mit dem Mangel der eingedrückten Bewegung ein genugsames Verhältnis haben, wenn man, sage ich, allen diesen Zusammenhang erwägt: so wird man bewogen, zu glauben, daß eine Ursache, welche es auch sei, einen durchgängigen Einfluß in dem ganzen Raume des Systems gehabt hat, und daß die Einträchtigkeit in der Richtung und Stellung der planetischen Kreise eine Folge der Übereinstimmung sei, die sie alle mit derjenigen materialischen Ursache gehabt haben müssen, dadurch sie in Bewegung gesetzt worden" (I. S. 261/62).

[1]) „Ich habe mich in der Tat mit größter Behutsamkeit aller willkürlichen Erdichtungen entschlagen. Ich habe, nachdem ich die Welt in das einfachste Chaos versetzt, keine anderen Kräfte als die Anziehungs- und Zurückstoßungskraft zur Entwicklung der großen Ordnung der Natur angewandt, zwei Kräfte, welche beide gleich gewiß, gleich einfach und zugleich gleich ursprünglich und allgemein sind. Beide sind aus der Newtonschen Weltweisheit entlehnt" (I S. 234).

„Ich nehme die Materie aller Welt in einer allgemeinen Zer-

Aber auch Kant mußte eine Grenze des mechanischen Naturerkennens zugestehen; seine Hypothese bezog sich nur auf die unorganische Natur. Er gesteht, eher die Bildung aller Himmelskörper, die Ursache ihrer Bewegungen, kurz den Ursprung der ganzen gegenwärtigen Verfassung des Weltbaues einzusehen, als die Erzeugung eines einzigen Krautes oder einer Raupe aus mechanischen Gründen verständlich machen zu können (cf. I S. 230). — Der Kosmogonie dagegen steht von naturwissenschaftlicher Seite kein Bedenken mehr im Wege. Aber widerspricht die Anerkennung des kausalen Mechanismus des Weltgeschehens nicht einer teleologischen Weltbetrachtung? Muß die mechanische Welterklärung nicht fürchten, das religiöse Gefühl zu verletzen, indem sie die schöpferische Macht Gottes entbehrlich macht?[1]) Um diesem Vorwurf zu begegnen, ist Kant eifrig bemüht, die Vereinbarkeit der mechanischen Naturerklärung mit der teleologischen Weltanschauung und damit die Verträglichkeit des wissenschaftlichen und des religiösen Interesses nachzuweisen.

Das Nachdenken über diese Frage, wohl die einzige Überzeugung, in welcher sich seine beiden großen Lehrmeister

---

streuung an und mache aus derselben ein vollkommenes Chaos. Ich sehe nach den ausgemachten Gesetzen der Attraktion den Stoff sich bilden und durch die Zurückstoßung ihre Bewegung modifizieren. Ich genieße das Vergnügen ohne Beihülfe willkürlicher Erdichtungen unter der Veranlassung ausgemachter Bewegungsgesetze sich ein wohlgeordnetes Ganzes erzeugen zu sehen, welches demjenigen Weltsystem so ähnlich sieht, das wir vor Augen haben, daß ich mich nicht entbrechen kann, es für dasselbe zu halten" (I S. 225/26).

[1]) Gleich in der Vorrede heißt es: „Ich habe einen Vorwurf gewählt, welcher ... in Ansehung der Religion einen großen Teil der Leser gleich anfänglich mit einem nachteiligen Vorurteile einzunehmen vermögend ist." ... „Die Religion droht mit einer feierlichen Anklage über die Verwegenheit, da man der sich selbst überlassenen Natur solche Folgen beizumessen sich erkühnen darf, darin man mit Recht die unmittelbare Hand des höchsten Wesens gewahr wird, und besorgt in dem Vorwitz solcher Betrachtungen eine Schutzrede des Gottesleugners anzutreffen" (I S. 221).

Leibniz[1]) und Newton[2]) berührten, gab Kant Gelegenheit, den physikotheologischen Beweis für das Dasein Gottes zu vertiefen,[3]) und darin liegt der philosophische Grundgedanke des Werkes.

Die freieste Forschung, sucht Kant zu zeigen, läßt sich sehr wohl mit dem Glauben an die Gottheit verbinden, ja gerade die Regelmäßigkeit und Ordnung des nach Naturgesetzen sich entwickelnden Kosmos führe zur Annahme einer Gottheit.[4]) Die Natur ist „dem Dasein eines höchsten Wesens" nicht „nachteilig"; im Gegenteil, „je vollkommener sie in ihren Entwickelungen ist, je besser ihre allgemeinen Gesetze zur Ordnung und Uebereinstimmung führen; ein desto sicherer Beweistum der Gottheit ist sie, von welcher sie diese Verhältnisse entlehnt" (I S. 334). Gerade, wenn die Materie, der Urstoff aller Dinge, an gewisse Gesetze gebunden ist und diesen frei überlassen notwendig schöne Verbindungen hervorbringen muß, so zeigt sich eben darin, daß sie mit ihrer Gesetzmäßigkeit in einer höchst weisen

---

[1]) Diese Überzeugung ist der Grundgedanke von Leibniz' Religionsphilosophie.

[2]) „Newton, dieser große Bewunderer der Eigenschaften Gottes aus der Vollkommenheit seiner Werke, der mit der tiefsten Einsicht in die Trefflichkeit der Natur die größte Ehrfurcht gegen die Offenbarung der göttlichen Allmacht verband" (I S. 317).

[3]) „Ich erkenne den ganzen Wert derjenigen Beweise, die man aus der Schönheit und vollkommenen Anordnung des Weltbaues zur Bestätigung eines höchstweisen Urhebers zieht. Wenn man nicht aller Ueberzeugung mutwillig widerstrebt, so muß man so unwidersprechlichen Gründen gewonnen geben" (I S. 222).

[4]) Denn „die nach ihren allgemeinsten Gesetzen sich bestimmende Materie bringt durch ihr natürliches Betragen, . . . durch eine blinde Mechanik anständige Folgen hervor, die der Entwurf einer höchsten Weisheit zu sein scheinen" . . . . „Wie wäre es wohl möglich, daß Dinge von verschiedenen Naturen in Verbindung mit einander so vortrefflich Uebereinstimmungen und Schönheiten zu bewirken trachten sollten, sogar zu Zwecken solcher Dinge, die sich gewissermaßen außer dem Umfange der toten Materie befinden, nämlich zum Nutzen der Menschen und Tiere, wenn sie nicht einen gemeinschaftlichen Ursprung erkennten, nämlich einen unendlichen Verstand, in welchem aller Dinge wesentliche Beschaffenheiten beziehend entworfen worden?" (I S. 225).

Absicht ihren Ursprung haben müsse, „und es ist ein Gott eben deswegen, weil die Natur auch selbst im Chaos nicht anders als regelmäßig und ordentlich verfahren kann" (I S. 222, 228)[1]).

Welch unwürdige Auffassung vom Wesen der Gottheit steckt dagegen in dem ungegründeten Vorurteil, daß die allgemeinen Naturgesetze an und für sich selber nichts als Unordnung zuwege bringen, und daß, aller Übereinstimmung zum Trotze, welche bei der Verfassung der Natur hervorleuchtet, immer wieder die unmittelbare Hand Gottes nötig ist, um die Weltmaschine in Gang zu erhalten. „Das Beginnen der Naturforscher, die sich mit einer solchen Weltweisheit abgegeben haben, wird vor dem Richterstuhle der Religion eine feierliche Abbitte tun müssen" (333). Nicht die mechanische Erklärung trifft der Vorwurf, daß sie die Allmacht Gottes verkürze; dieser Vorwurf fällt vielmehr auf die gegnerische Auffassung zurück, welche die ganze Natur in Wunder verkehrt und ihre Mängel dazu benutzt, um die Gewißheit des höchsten Wesens daraus zu beweisen. Es würde einem Gott wohl schlecht anstehen, eine derartig unfähige Natur zu schaffen, daß sie durch die ewigen Gesetze ihres Wesens nichts als Unordnung und Ungereimtheit zuwege bringt. Und was für einen Begriff soll man sich von einer Gottheit machen, welcher die allgemeinen Naturgesetze nur durch eine Art von Zwang gehorchen und an und für sich ihren weisesten Entwürfen widerstreiten?

---

[1]) „Auch in den wesentlichen Eigenschaften der Elemente, die das Chaos ausmachen, ist das Merkmal derjenigen Vollkommenheit zu spüren, die sie von ihrem Ursprunge her haben, indem ihr Wesen aus der ewigen Idee des göttlichen Verstandes eine Folge ist" (I S. 263); ähnlich S. 293, wo es heißt: „Die Natur ist an vortrefflichen Auswickelungen in dem sich selbst gelassenen Zustande ihrer Kräfte sogar im Chaos fruchtbar, und die darauf folgende Ausbildung bringt so herrliche Beziehungen und Übereinstimmungen zum gemeinsamen Nutzen der Kreatur mit sich, daß sie sogar in den ewigen und unwandelbaren Gesetzen ihrer wesentlichen Eigenschaften dasjenige große Wesen mit einstimmiger Gewißheit zu erkennen geben, in welchem sie vermittelst ihrer gemeinschaftlichen Abhängigkeit sich zu einer gesamten Harmonie vereinbaren."

Die Grundzüge der Kantischen Theorie, die man nicht ganz mit Recht als Kant-Laplacesche zu bezeichnen pflegt, im einzelnen auf ihren naturwissenschaftlichen Wert hin zu prüfen, ist nicht meine Aufgabe; darüber siehe die schon wiederholt genannte Schrift von Gerland.

Hier sei nur die Bedeutung der Kosmogonie für die Metaphysik hervorgehoben, die großartige und kühne Grundüberzeugung, aus der heraus sie entstanden ist, — der Gedanke, daß die ganze Welt nicht auf übernatürlichem Wege erschaffen ist, sondern auf natürlichem Wege sich entwickelt hat.

Die Theologie aber braucht nicht mehr zu zittern vor dem entfesselten Forschungsgeist; sie darf der mechanischen Erklärung der Dinge keine Grenzen mehr setzen und kann derselben ruhig ein freies Forschungsfeld eröffnen, ohne selbst Schaden daran zu nehmen.

Der mittelalterliche, anthropomorphistische Gottesbegriff stand jeder freien Welterkenntnis hemmend im Wege; die Willkür göttlicher Gewalt beherrschte die Natur. Kant hat diese Schranken der Vernunfterkenntnis durchbrochen und an die Stelle göttlicher Willkür die gesetzmäßige Ordnung der Natur gesetzt; aber er hat den Gottesbegriff nicht beseitigt, er hat ihn nur modifiziert und geläutert und damit die Wissenschaft frei gemacht von einer beengenden Gottesvorstellung, vor der ein Newton noch verstummte.

Dieser Gedanke ist nicht allein ein Triumph der modernen Naturwissenschaft, er ist eine philosophische Tat, welche für ewige Zeiten einen Markstein in der Geschichte der Geisteswissenschaften bilden wird.

An die Naturgeschichte des Himmels grenzen zwei andere Gebiete, die Naturgeschichte der Erde[1]) und die Naturgeschichte der Menschheit. Die Idee der Entwicklung, welche Kant von Leibniz übernommen hatte, und

[1]) „Die Naturgeschichte des Himmels . . ., die dasjenige im Großen oder vielmehr im Unendlichen ist, was die Historie der Erde im Kleinen enthält, kann in solcher weiten Ausdehnung ebenso zuverlässig begriffen werden, als man sie in Ansehung unserer Erdkugel in unseren Tagen zu entwerfen bemüht gewesen“ (I S. 191).

welche in der Kosmogonie dadurch so schöne Früchte gezeitigt hatte, daß er sie mit dem Newtonschen Prinzip vom Gegensatz verschiedener Kräfte in Verbindung brachte, schien ihm wert, auch auf die Naturgeschichte der Erde und der Menschheit angewandt zu werden. Aus dieser Absicht entstanden 1754 und in den folgenden Jahren eine Reihe von Aufsätzen naturwissenschaftlichen Inhalts,[1]) denen der entwicklungsgeschichtliche Gesichtspunkt, unter welchem ihre Gegenstände betrachtet sind, einen besonderen Wert verleiht.

Es könnte den Anschein erwecken, als ob sich Kant damals ganz naturwissenschaftlichen Studien widmen wollte. Allein dem war nicht so. Newton hatte bei der Erklärung der Erscheinungen aus den gefundenen Naturgesetzen Genüge gefunden. Kant drängte es weiter. Wo die Naturwissenschaft ein Ende hatte, brauchte die Wissenschaft noch nicht aufzuhören:

„Qui rerum naturalium perscrutationi operam navant, emunctioris naris philosophi in eo quidem unanimi consensu coaluerunt, sollicite cavendum esse, ut ne quid temere et

---

[1]) „Untersuchung der Frage, ob die Erde in ihrer Umdrehung um die Achse, wodurch sie die Abwechslung des Tages und der Nacht hervorbringt, einige Veränderung seit den ersten Zeiten ihres Ursprungs erlitten habe.“ 1754.

„Die Frage: Ob die Erde veralte? physikalisch erwogen.“ 1754.

„Von den Ursachen der Erderschütterungen, bei Gelegenheit des Unglücks, welches die westlichen Länder von Europa gegen das Ende des vorigen Jahres betroffen hat.“ 1756.

„Geschichte und Naturbeschreibung der merkwürdigsten Vorfälle des Erdbebens, welches an dem Ende des 1755sten Jahres einen großen Teil der Erde erschüttert hat.“ 1756.

„Fortgesetzte Betrachtung der seit einiger Zeit wahrgenommenen Erderschütterungen.“ 1756.

„Neue Anmerkungen zur Erläuterung der Theorie der Winde.“ 1756 und spätere Aufsätze.

Cf. auch: „Entwurf und Ankündigung eines Collegii der physischen Geographie nebst dem Anhange einer kurzen Betrachtung über die Frage: Ob die Westwinde in unseren Gegenden darum feucht sind, weil sie über ein großes Meer streichen.“ 1757.

conjectandi quadam licentia confictum in scientiam naturalem irrepat, neve quicqam absque experientiae suffragio et sine geometria interprete incassum tentetur. Quo consilio certe nihil philosophiae salutarius atque utilius poterat cogitari. Verum quoniam in linea recta veritatis vix cuiquam liceat mortalium stabili incessu progredi, quin in alterutram partem passim exorbitetur, quidam huic legi usque adeo indulserunt, ut in indaganda veritate alto se committere minime ausi, semper litus legere satius duxerint et nihil nisi ea, quae experientiae testimonio immediate innotescunt, admiserint. Ex hac sane via leges naturae exponere profecto possumus, legum originem et causas non possumus. Qui enim phaenomena tantum naturae consectantur, a recondita causarum primarum intelligentia semper tantundem absunt, neque magis unquam ad scientiam ipsius corporum naturae pertingent, quam qui altius atque altius montis cacumen ascendendo caelum se tandem manu contrectaturos esse sibi persuaderent.

Igitur qua se plerique in rebus physicis commode vacare posse autumant, sola hic adminiculo est et lumen accendit metaphysica" (I S. 475).

So drängte die Naturwissenschaft von selbst zur Metaphysik; die allerersten Quellen von den Wirkungen der Natur müssen eben durchaus ein Vorwurf der Metaphysik sein (I S. 61).

Metaphysik und Naturwissenschaft stehen aber seit Newton und Leibniz im schroffen Gegensatz. Es gilt also den Antagonismus zu überwinden, welchen die beiden großen Vertreter dieser Wissenschaften in Kants Denken hervorgerufen haben. Solange beide Wissenschaften getrennt bestehen, ist es nur die Metaphysik, welche durch ihre Isoliertheit Schaden nehmen kann. Die Naturwissenschaft kann als Muster einer gründlichen Wissenschaft gelten. Allein „unsere Metaphysik ist wie viele andere Wissenschaften in der Tat nur an der Schwelle einer recht gründlichen Erkenntnis; Gott weiß, wenn man sie selbige wird überschreiten sehen. Es ist nicht schwer, ihre Schwäche in manchem zu sehen, was sie unternimmt. Man findet sehr oft das Vorurteil als die größte Stärke ihrer Beweise. Nichts ist mehr hieran Schuld, als die herrschende Neigung derer, die die menschliche Erkenntnis zu erweitern suchen. Sie wollten gern eine große Weltweisheit haben, allein es wäre zu wünschen, daß es auch eine gründliche sein möchte" (I S. 30/31).

Wie in der ersten Schrift und in der „Physischen Monadologie" die physikalischen Grundbegriffe, so unternimmt es Kant nunmehr, um die Metaphysik in Einklang mit der Newtonschen Naturphilosophie zu bringen, auch einige metaphysische Grundbegriffe und Grundsätze (wie den Satz des Widerspruchs und den Satz vom zureichenden Grunde) einer „neuen Beleuchtung" zu unterziehen. Er tut dies in seiner ersten rein philosophischen Abhandlung:

„Principiorum primorum cognitionis metaphysicae nova dilucidatio", seiner Habilitationsschrift vom Jahre 1755.

So ist Kant von der Naturphilosophie zur Metaphysik gedrängt worden. Um seiner Naturphilosophie eine sichere wissenschaftliche Grundlage zu verschaffen, mußte er sich mit der Metaphysik seiner Zeit auseinandersetzen. Der Gegensatz der Newtonschen Naturphilosophie, deren Grundprinzip die reale Wechselwirkung ist, und der Leibniz-Wolff'schen Metaphysik, welche in ihren Prinzipien die physische Gemeinschaft der Dinge verneint, war unverkennbar. Dem kritischen Geiste Kants war es nicht zuzutrauen, daß er gleichzeitig die Newtonsche Naturanschauung vertrat und die Erkenntnisgrundsätze einer ihr widersprechenden Metaphysik einfach übernahm, wie sie die Schulphilosophie ihm überliefert hatte. Das naturwissenschaftliche Interesse tritt damit allmählich zurück und das philosophische Moment in den Vordergrund.

Die Philosophie, die Kant bei Beginn seiner literarischen Laufbahn vorfand und deren Grundsätze er nunmehr einer neuen Beleuchtung unterziehen will, stand unter dem Zeichen des Rationalismus. Das Wolffsche System mit dem verflachenden Formalismus der mathematisch-syllogistischen Methode machte den Schluß in der Reihe der rationalistischen Systeme, deren Vertreter hauptsächlich durch die Namen Descartes, Spinoza, Leibniz und Wolff bezeichnet sind. Alle sind darin einig, daß im Denken die sicherste und unmittelbarste Quelle der Gewißheit liege. Durch klares und deutliches Denken, und nur durch dieses allein, soll die Erkenntnis der Dinge, wie sie an sich oder unabhängig von unserer Sinneswahrnehmung sind, möglich sein. Die im 17. Jahrhundert aufblühende Mathematik mit ihrer unfehlbaren Methode trug wesentlich dazu bei, den Glauben zu bestärken, daß die reine Vernunft an sich imstande sei, zu allgemeingiltigen Wahrheiten zu gelangen, vorausgesetzt, daß sie methodisch, d. h. mathematisch oder logisch richtig — alle drei sind identische Begriffe — verfuhr; denn — darin bestand eben das Dogma — was klar erkannt wird, ist seiend; was richtig gefolgert, deutlich eingesehen und für das Denken ohne Widerspruch ist, müsse eben darum auch mit der Wirklichkeit übereinstimmen. Spinozas System ist die glänzendste und konsequenteste Durchführung dieses Gedankens.

Das Spinozistische System enthält aber gleichzeitig — und darin liegt seine Bedeutung — die sachliche Begründung der angewandten Methode.

Wie Begriffe, welche zunächst nur dem Denken angehören, Erkenntnisse von Dingen liefern können, welche etwas ganz Anderes sind, ist an und für sich nicht verständlich. Die rationalistische Identifizierung von logischer Begründung und realer Verursachung bedarf also einer Rechtfertigung. Spinoza gibt dieselbe aus seiner Metaphysik: Gott ist ihm die eine und einzige Substanz, welche Denken und Ausdehnung als Attribute vereinigt. Denken (cogitatio) und Ausdehnung (extensio) sind diejenigen unter den unendlich vielen Attributen der Substanz, in welchen sie sich der subjektiven Erkenntnis des Verstandes darstellt; und zwar sind sie und ihre Modi das Einzige, was wir von den unendlichen Attributen der Gottheit erkennen. Für sich selbständig und ohne gegenseitige Einwirkung sind sie doch überall in untrennbarer Identität beisammen. Ist es doch ein und dieselbe Substanz, die unter jedem von beiden Attributen gedacht wird; jede von beiden Betrachtungsweisen ist gleich richtig. Die apriorische Verstandeserkenntnis des Zusammenhangs wirklicher Geschehnisse wird also dadurch erklärlich, daß die notwendige Verknüpfung von Grund und Folge in der Gedankenwelt derjenigen von Ursache und Wirkung in der Körperwelt entspricht, oder, wie Spinoza es ausdrückt, die Ordnung der Ideen dieselbe ist wie die Ordnung der Dinge (ordo et connexio idearum idem est, ac ordo et connexio rerum) (Ethica II. 7.); was sequi im Denken, das ist causari im Sein. Diese Gleichsetzung des Verhältnisses von Erkenntnisgrund und Folge mit demjenigen von Ursache und Wirkung (ratio=causa) ist der Mittelpunkt seines ganzen Systems.

Auch Leibniz huldigte anfangs dieser Ansicht; aber beim Aufsuchen jener höchsten, unmittelbar und intuitiv gewissen Wahrheiten, aus deren logischen Kombinationen alle Erkenntnisse (wie Euklids Lehrsätze aus den mathematischen Axiomen) abgeleitet werden sollten, stieß er auf zwei verschiedene Arten von Erkenntnissen, die vérités éternelles und die vérités de fait; erstere sind klar und deutlich; ihre intuitive Gewißheit beruht auf dem Satz des Widerspruchs, welcher die Denkbarkeit des Gegenteils ausschließt; letztere bedürfen noch einer Erklärung nach dem Satze vom zureichenden Grunde. Dieser macht das Gegenteil zwar unmöglich, aber nicht undenkbar. Damit fügt Leibniz dem Satze des Widerspruchs den Satz des zureichenden Grundes als das andere der deux grands principes de nos raisonnements hinzu. Er unterscheidet also zwei große Prinzipien für unsere Vernunftschlüsse: Das eine ist das Prinzip des Widerspruchs, wonach von zwei einander widersprechenden Sätzen der eine wahr, der andere falsch ist; aus ihm folgen die notwendigen, unmittelbar einzusehenden Wahrheiten; das andere ist das Prinzip des zureichenden Grundes, wonach nichts geschieht, ohne daß es eine Ursache oder wenigstens einen bestimmenden Grund gibt, d. h. etwas, das dazu dienen kann, apriori zu begründen, weshalb etwas gerade so und in keiner anderen Weise existiert (cf. Theodicee I. § 44 b; Monadologie § 31/32); dieser Satz ist die Quelle der zufälligen, der Erfahrung entnommenen Wahrheiten. Damit stellt sich Leibniz in Gegensatz zum Spinozistischen Rationalismus, nach welchem reine Vernunfterkenntnis nur nach dem Satz des Widerspruchs möglich ist. Nicht dieser, sondern der Satz vom zureichenden Grunde soll nach Leibniz das Prinzip abgeben, welches die Möglichkeit rationaler Erkenntnis des Tatsächlichen ermöglicht. Doch auch Leibniz gelangt weder zu einer klaren Erkenntnis der erkenntnistheoretischen Bedeutung des letzteren Prinzips, noch zu einer bestimmten Lösung des Verhältnisses beider Prinzipien zu einander.

Obwohl die empirischen Wahrheiten durch Realursachen, also kausal, bedingt sind, gelten sie doch nur als zufällig, weil sie sich immer nur aus Tatsachen ableiten lassen und nicht logisch deduziert werden können; ihre Analyse bleibt überdies immer eine unvollständige, und ihr Gegenteil bleibt denkbar.

Anders die geometrischen oder metaphysischen Wahrheiten: diese lassen sich auf die letzten Wahrheiten zurückführen, und damit ist die Einsicht in die Unmöglichkeit ihres Gegenteils verbunden.

So weit stehen beide Prinzipien zwar unvermittelt, aber friedlich und ohne Widerspruch nebeneinander, zugleich ein Zeichen, daß Leibniz nicht allein versucht hat, dem Rationalismus gerecht zu werden, sondern auch bemüht war, diesen mit dem englischen Empirismus zu versöhnen.

Die Denkbarkeit des Gegenteils bei empirischen Wahrheiten soll aber nur für die menschliche Einsicht zutreffen. Dadurch, daß Leibniz dem göttlichen Verstande die Denknotwendigkeit auch der tatsächlichen Beziehungen zuschreibt, erkennt er als höchstes Prinzip aller Erkenntnis doch wieder das rationalistische des Satzes vom Widerspruch an.

W o l f f läßt die angebahnte Scheidung fallen und versucht den Satz vom zureichenden Grunde wieder aus dem Satz des Widerspruchs abzuleiten; letzterer bleibt das einzige und oberste Erkenntnisprinzip; alle rationale Wissenschaft beruht auf ihm; die empirischen Wissenschaften aber sollen die Ergebnisse der rationalen durch Beobachtung und Experiment bestätigen.

In diesem Mißkennen des spezifischen Gegensatzes zwischen Empirismus und Rationalismus liegt der Keim zur inneren Auflösung seines Systems.

Auch Kant teilte bei Beginn seiner schriftstellerischen Tätigkeit mit dem Rationalismus den Glauben an die unbegrenzte Kraft der menschlichen Vernunft. Auch er sah die Identität des mathematischen und des philosophischen Verfahrens zunächst als etwas Selbstverständliches an. Dieses Vertrauen ist aber doch schon in seiner Jugendperiode kein vollständiges; es zeigen sich bereits Zweifel und Ansätze zu besonnener, kritischer Prüfung.

Charakteristisch für die Selbständigkeit seiner Denkungsart ist, daß er ausgemachte Lehrmeinungen nicht wiederholt, sondern die strittigen Ansichten aufgreift, um die Gegensätze möglichst auszugleichen. Die Kräfteschätzung bezweckte eine Vermittlung zwischen Descartes und Leibniz, die Kosmogonie zwischen Leibniz und Newton, die Nova Dilucidatio zwischen Wolff und Crusius. Wenn Kant die Prinzipien metaphysischer Erkenntnis auch an der Hand der Wolffschen Metaphysik einer neuen Beleuchtung unterzieht, so tut er dies doch unter steter Berücksichtigung der Einwände von Crusius, welche er wohl zu würdigen weiß. Dieser war einer der wenigen Philosophen des 18. Jahrhunderts, welche der Herrschaft der geometrischen Methode energisch entgegengetreten waren. Seine skeptischen Einwürfe gegen das Wolffsche System waren wohl dazu angetan, Kants Vertrauen zu der Richtigkeit der philosophischen Methode noch mehr zu erschüttern, wenn sie auch nicht sonderlich geeignet waren, eine positive Wirkung auszuüben.

Kant geht in seiner Nova Dilucidatio von dem Satz des Widerspruchs aus, den er zunächst durch den positiven Satz der Einstimmung (das Prinzip der Identität) ergänzt mit der doppelten Formel: Quidquid est, est für die bejahenden und quidquid non est, non est für die verneinenden Urteile: Veritatum omnium bina sunt principia absolute prima, alterum veritatum affirmantium, nempe propositio: quicquid est, est, alterum veritatum negantium, nempe propositio: quicquid non est, non est: Quae ambo simul vocantur communiter principium identitatis (I. S. 389).

Dem Satze der Einstimmung soll als höchstem und allgemeinstem Grundsatz für die Ableitung der Wahrheiten, als letzter Grundlage von jeder Erkenntnis überhaupt der Vorzug vor dem Prinzip des Widerspruchs gebühren, einmal, weil er in den einfachsten und allgemeinsten Ausdrücken gefaßt ist, und zweitens, weil es paradox erscheinen würde, wenn man dem verneinenden Satze die erste Stelle in dem Gebiet der Wahrheit einräumen wollte. „Principii identitatis ad obtinendum in veritatum subordinatione principatum prae principio contradictionis praeferentiam ulterius stabilire.“

„Quae omnium veritatum absolute summi et generalissimi principii nomen sibi arrogat propositio, primo sit simplicissimis, deinde et generalissimis terminis enuntiata; quod in principio identitatis gemino haud dubie animadvertere mihi videor.“

„Postremo propositioni negativae potissimum in regione veritatum primas demandare et omnium caput ac firmamentum salutare, quis est, cui non duriusculum et aliquanto etiam pejus quam paradoxon videatur, cum non pateat, cur negativa veritas prae affirmativa hoc jure potita sit? Nos potius, cum sint bina veritatum genera, binis ipsis etiam statuimus principia prima, alterum affirmans, alterum negans“ (Sectio I. Propos. III; S. 391).[1])

Der Fassung des zweiten Prinzips, des Satzes vom „zureichenden“ oder besser „bestimmenden“ Grunde, wie Kant dasselbe mit Crusius benannt wissen will,[2]) wirft letzterer vor, daß sie zweideutig sei und einen schwankenden Sinn habe; die Wolffianer unterschieden nicht sorgfältig den Grund der Wahrheit von dem der Wirklichkeit. Der Erkenntnisgrund würde häufig statt des wirklichen und vorhergehend bestimmenden Grundes gebraucht, so daß es oft schwer zu verstehen sei, welcher von beiden gemeint sei.

[1]) Noch in der Preisschrift tadelt er, daß die meisten dem Satz des Widerspruchs „den Rang in Ansehung aller Wahrheiten eingeräumt haben“ (II S. 294).

[2]) „Pariter enunciationi rationis sufficientis vocem rationis determinantis surrogare satius duxi, et habeo ill. Crusium assentientem. Quippe ambigua vox est sufficientis, ut idem abunde commonstrat; quia, quantum sufficiat, non statim apparet; determinare autem cum sit ita ponere, ut omne oppositum excludatur, denotat id, quod certo sufficit ad rem ita, non aliter concipiendam“ (I S. 393. Prop. IV).

Um diesem Vorwurf zu begegnen, legt Kant ein besonderes Gewicht auf die Unterscheidung beider Formen; er hebt die Wichtigkeit derselben hervor und wiederholt sie eindringlich:

Er unterscheidet den Grund des Warum oder den Grund des Seins oder Werdens, welcher im voraus bestimmt, ratio Cur s. ratio essendi vel fiendi antecedenter determinans, und den Grund der Erkenntnis, welcher nur folgeweise bestimmt, ratio Quod, ratio cognoscendi, consequenter determinans: „Antecedenter determinans est, cujus notio praecedit determinatum, h. e. qua non supposita determinatum non est intelligibile. Consequenter determinans est, quae non poneretur, nisi jam aliunde posita esset notio, quae ab ipso determinatur. Priorem rationem etiam rationem cur s. rationem essendi vel fiendi vocare poteris, posteriorem rationem quod s. cognoscendi“ (I. 392). „Primo enim inter rationem veritatis et exsistentiae studiose mihi distinguendum erat; quanquam videri poterat, universalitatem principii rationis determinantis in regione veritatum eandem pariter supra exsistentiam extendere. Etenim si verum nihil est, h. e. si subjecto non competit praedicatum, sine ratione determinante, praedicatum exsistentiae absque hac nullum fore etiam consequitur. Verum ad veritatem firmandam non ratione antecedenter determinante opus esse, sed identitatem praedicatum inter atque subjectum intercedentem sufficere constat. In existentibus vero de ratione antecedenter determinante quaestio est“ (I. S. 397).

„In priori solum de ea praedicati positione agitur, quae efficitur per notionum, quae subjecto vel absolute vel in nexu spectato involvuntur, cum praedicato identitatem, et praedicatum, quod jam adhaeret subjecto, tantum detegitur. In posteriori circa ea, quae inesse ponuntur, examinatur non utrum, sed unde existentia ipsorum determinata sit“ (I. S. 358).

Damit ist Kant zum ersten Male die Unterscheidung von Ideal- und Realgrund, von Erkenntnis- und Sachgrund aufgegangen.

Beide sollen jedoch das Unbestimmte zu einem Bestimmten machen, und da alle Wahrheit aus der Bestimmung eines Subjekts durch ein Prädikat hervorgeht, sollen beide nicht bloß ein Kennzeichen der Wahrheit, sondern deren Quelle sein.[1])

Der prinzipielle Unterschied beider Verhältnisse also, der logisch verständlichen Beziehung von Grund und Folge einerseits und der logisch zunächst unverständlichen realen Abhängigkeit von Ursache und Wirkung andererseits, ist hier durchaus noch nicht klargelegt. Wenn Kant den Realgrund als eine Quelle der Wahrheit ansieht, so kommt ihm die Unfaßbarkeit realer Abhängigkeit gar nicht zum Bewußtsein. Ob sich das kausale Verhältnis auf Gegenstände selbst oder nur auf unsere Erkenntnis von denselben bezieht, stets bleibt es ihm logisch verständlich.

Es ist aber immerhin bemerkenswert, was Kant an anderer Stelle vom Realgrund sagt, den er vorher als Quelle der Wahrheit bezeichnet: „sed dari semper rationem antecedenter determinantem, si mavis, geneticam aut saltem identicam, e theoremate ... apparet, siquidem ratio consequenter determinans veritatem non efficit, sed explanat" (I. S. 394).[2])

Auch Kant gelangt also noch zu keiner definitiven Entscheidung; der Realgrund ist ihm, genau wie bei Crusius, der Idealgrund des Erkennens; das Verhältnis beider bleibt unklar.

In einem Punkt ist aber Kant trotzdem über den Rationalismus hinausgekommen. Der Satz des Widerspruchs gilt ihm nicht mehr als das einzige Kriterium der Wahrheit. Crusius hatte schon bewiesen, daß der ontologische Gottesbeweis auf einem falschen Schluß beruhe. Kant schließt sich dessen Kritik an: Nicht die Möglichkeit Gottes — „Möglichkeit", ein aus der Wolffschen Philosophie übernommener Begriff, bedeutet bei Kant das „innere Wesen" der

---

[1]) „Ratio igitur ex indeterminatis efficit determinata. Et quoniam omnis veritas determinatione praedicati in subjecto efficitur, ratio determinans veritatis non modo criterium, sed et fons est, a quo si discesseris, possibilia quidem quam plurima, nihil omnino veri reperiretur" (I. S. 392).

[2]) Cohen, Die systematischen Begriffe in Kants vorkritischen Schriften, S. 23.

Dinge —,[1]) sondern nur die Möglichkeit der Dinge selbst könne einen Beweis für die göttliche Existenz abgeben.[2])

Wenn auch von dem Begriff Gottes gezeigt wird, daß er keinen Widerspruch in sich enthält, so genügt die bloße Aufzeigung dieser logischen Tatsache doch nicht, das Dasein Gottes daraus zu erschließen; es folgt nur die gedachte, nicht die wirkliche Existenz daraus. Erst wenn von dem willkürlich gebildeten Begriff feststeht, daß er ein wahrer ist, ist es auch wahr, daß er Dasein hat. („Notionem tibi formas entis cujusdam, in quo est omnitudo realitatis; per hunc conceptum te ipsi et exsistentiam largiri oportere confitendum est. Igitur ita procedit argumentatio: si in ente quodam realitates omnes sine gradu unitae sunt, illud exsistet; si unitae tantum concipiuntur, existentia quoque ipsius in ideis tantum versatur. Ergo ita potius informanda erat sententia: notionem entis cujusdam nobis formantes, quod deum appellamus, eo modo illam determinavimus, ut exsistentia ipsi inclusa sit. Si vera igitur praeconcepta notio, verum quoque, illum existere. Et haec quidem in eorum gratiam dicta sint, qui argumento Cartesiano assensum praebent.") (I. S. 394 Prop. VI.)

Das unbedingt notwendige Prinzip aller Möglichkeit, welches die Notwendigkeit seines Daseins in sich selbst enthält, ist allein von der absoluten Geltung des Gesetzes vom zureichenden Grunde befreit. Crusius behauptet jedoch, dieser Satz sei eines Beweises gar nicht fähig, obgleich man seine volle Wahrheit anerkennen müsse. Außerdem hat er direkte Bedenken gegen die absolute Geltung des Gesetzes. Er be-

---

[1]) Cf. II. S. 162/3: „Die innere Möglichkeit, die Wesen der Dinge, sind nun dasjenige, dessen Aufhebung alles Denkliche vertilgt. Hierin wird also das eigene Merkmal von dem Dasein des Wesens aller Wesen bestehen."

[2]) Die Möglichkeit aller Dinge setzt das Dasein eines Wesens als unbedingt notwendiges Prinzip aller Möglichkeit voraus. Die Nichtexistenz ist undenkbar, weil sie nicht nur das Dasein aller Dinge, sondern auch die innere Möglichkeit, die Denkbarkeit derselben überhaupt aufheben würde. (Prop. VII.) Denselben Gedanken benutzt Kant später als Argument für den „einzig möglichen Beweisgrund zu einer Demonstration des Daseins Gottes".

streitet die Wahrheit des Kausalitätsprinzips für das moralische Gebiet und verwirft die Notwendigkeit der menschlichen Willenshandlungen.

In diesem Punkt sieht sich Kant veranlaßt, gegen Crusius Stellung zu nehmen. Er tritt für die absolute Geltung des Prinzips ein und hält trotz der „Freiheit" an dem Begründetsein alles menschlichen Handelns fest, indem er die Freiheit (ähnlich wie Spinoza) dadurch zu erklären sucht, daß die freie Willenshandlung die eigene innere Natur des Menschen zur determinierenden Ursache hat. Damit ist die absolute Geltung des Kausalitätsprinzips wieder gewahrt, und der Satz bleibt bestehen: „Nihil contingenter existens potest carere ratione existentiam antecedenter determinante" (Prop. VIII).

Aus dem Prinzip des zureichenden Grundes zieht Kant einige Schlüsse. Zunächst folgert er daraus das Gesetz von der Erhaltung der Kraft: Quantitas realitatis absolutae in mundo naturaliter non mutatur nec augescendo nec decrescendo. (Prop. X.) Hier zeigt sich so recht die charakteristische Verwechslung des Rationalismus von realer Dependenz und logischer Folge. Die Kausalität, setzt Kant voraus, ist bedingt durch die Identität des Inhalts der Ursache und der Wirkung. Die Ursache müsse schon alles in sich enthalten, was die Wirkung ausmache; daraus folge die Konstanz der Realität oder der Quantität des absoluten Seins im Weltall. Daß aus der Ursache nicht, wie aus dem Grund, Identisches folgt, sondern Neues entsteht, kommt ihm noch nicht zum Bewußtsein: „Si e. g. corpus A alterum B percutiendo propellat, vis quaedam, per consequens realitas huic accedit. Verum par motus quantitas corpori impingenti detracta est, igitur virium summa in effectu aequiparatur viribus causae" (Prop. X).

Wichtiger erscheinen ihm zwei andere Folgerungen:

Das Prinzip der Folge (principium successionis) und das Prinzip des gleichzeitigen Daseins (principium coëxistentiae.)

Im Gegensatz zu Leibnizens praestabilita harmonia, „quae proprie consensum, non dependentiam mutuam substantiis inducit“ (I. S. 415), wird die Veränderung der Dinge auf ihre gegenseitige Abhängigkeit zurückgeführt; ohne äußere Verbindung mit anderen Substanzen bleibt eine einfache Substanz an sich völlig unveränderlich. „Nulla substantiis accidere potest mutatio, nisi quatenus cum aliis connexae sunt, quarum dependentia reciproca mutuam status mutationem determinat. Hinc substantia simplex omni nexu externo exemta, sibique adeo solitario relicta, per se plane est immutabilis“ (I. S. 410. Prop. XII).

Die Verbindung und Wechselwirkung der Dinge aber bedarf noch einer besonderen Erklärung. Das bloße gleichzeitige Dasein, die Koëxistenz der Substanzen der Welt, reicht zur Begründung ihrer realen Beziehungen nicht aus; ihr gegenseitiger Verkehr wird nur ermöglicht und erklärlich durch das gemeinsame Prinzip ihres Daseins, ihre substantielle Gemeinschaft in Gott: „Subtantiae finitae per solam ipsarum existentiam nullis se relationibus respiciunt, nulloque plane commercio continentur nisi quatenus a communi existentiae suae principio, divino nempe intellectu, mutuis respectibus conformata sustinentur“ (I. S. 412/13 Prop. XIII).

Die Autorschaft des Nachweises, daß das Prinzip der Wechselwirkung in dem gemeinschaftlichen Ursprung der Dinge liege, nimmt Kant ausdrücklich für sich in Anspruch (primus evidentissimis rationibus adstruxisse mihi videor). Auf die beiden letzteren Prinzipien setzt er große Hoffnungen: „En igitur, principia duo cognitionis metaphysicae reconditioris, quorum ope in regione veritatum haud contemnenda dicione potiri licet. Qua quidem ratione si haec scientia solerter colatur, non adeo sterile deprehendetur ipsius solum, et quod ipsi intentatur a contemptoribus otiosae et umbraticae subtilitatis opprobium cognitionis nobilioris larga messe redarguetur“ (I. S. 416).

Der Zusammenhang der Nova Dilucidatio mit der Kosmogonie ist danach unverkennbar. Die Kosmogonie war aufgebaut auf der Newtonschen Attraktionslehre, auf der Voraussetzung wirklicher wechelseitiger Abhängigkeit der Substanzen.

Das System der prästabilierten Harmonie verneint den Zusammenhang der Dinge, es kennt nur Übereinstimmung.

Kant mußte sich daher nach einem anderen Prinzip umsehen, um seiner Naturanschauung eine metaphysische Grundlage zu verschaffen. Das von ihm aufgestellte Prinzip der Koëxistenz ermöglichte nun den wechselseitigen Verkehr der Dinge, welcher in der wechselseitigen Determination besteht. Dieses Prinzip will Kant aber nicht mit dem gewöhnlichen System des influxus physicus identifiziert wissen; denn dieses erkennt nicht den gemeinsamen Ursprung der Dinge als Prinzip ihrer Wechselwirkung.

Obwohl die Newtonsche Naturphilosophie und die Leibnizsche Metaphysik in schroffem Gegensatz zu einander stehen, bringt Kant sich diese Differenz nicht klar zum Bewußtsein.[1])

Er ist eben zu sehr ein Kind seiner Zeit, als daß er plötzlich mit allem Überlieferten brechen könnte. Er bleibt mit dem Rationalismus überzeugt, daß die analytische Methode der logischen Begriffsentwicklung durchaus imstande sei, die Wirklichkeit und weiterhin ihre kausalen Zusammenhänge in einer apriorischen Erkenntnis zu rekonstruieren; er glaubt noch fest an die Möglichkeit, durch den logischen Gedankenfortschritt eine Erkenntnis der Welt zu gewinnen.

Die dogmatische Anschauungsweise der Habilitationsschrift hält Kant noch einige Zeit fest; sie bildet sogar noch die Voraussetzung einer Gelegenheitsschrift vom Jahre 1759, der letzten noch ganz vom dogmatisch-rationalistischen Standpunkt aus geschriebenen Abhandlung, die Kant selbst später am liebsten der „Vergessenheit" überliefert hätte. Diese „mit einiger Eilfertigkeit entworfene" Gelegenheitsschrift betitelt sich: „Versuch einiger Betrachtungen über den Optimismus 1759".

Kant bezweckt in derselben eine Neubegründung des Kernsatzes der Leibnizschen Theodicee zu geben, daß die bestehende Welt die vollkommenste unter allen möglichen Welten ist oder, was dasselbe ist, daß der Inbegriff alles dessen, was Gott außer sich hervorgebracht hat, das Beste ist, was hervor-

---

[1]) Diesen Gegensatz stellt erst die Schrift über die negativen Größen klar.

zubringen möglich war. Dazu bedarf es einmal des Beweises, daß unter allen möglichen Welten eine notwendig die vollkommenste sei, so daß ihr weder eine an Trefflichkeit vorgeht, noch eine andere gleichkommt, oder mit anderen Worten, daß ein größter Grad der Realität (Gott) möglich ist, und zweitens, daß diese vollkommenste Welt die wirkliche, die bestehende, die unsrige ist.

Vorausgesetzt ist, daß die Größe der Realität den Grad der Vollkommenheit bestimmt, oder die absolute Vollkommenheit eines Dinges in dem Grade der Realität besteht[1]) (II S. 30).

Im Gegensatz zu jenen Größen, von denen sich keine denken läßt, ohne daß eine noch größere könne gedacht werden, wie die größte unter allen Zahlen oder die geschwindeste unter allen Bewegungen — betrügliche Begriffe (notiones deceptrices), wie Leibniz anmerkt, von denen es scheint, daß man etwas durch sie denke, die aber in der Tat nichts vorstellen — im Gegensatz zu jenen widersprechenden Begriffen ist ein größter Grad Realität möglich, und dieser befindet sich in Gott; denn „der Grad der Realität einer Welt ist etwas durchgängig Bestimmtes; die Schranken, die der möglich größten Vollkommenheit einer Welt gesetzt sind, sind nicht bloß allgemein, sondern durch einen Grad, der notwendig in ihr fehlen muß, festgesetzt. Hier ist es nicht wie bei der mathematischen Unendlichkeit, daß das Endliche durch eine beständig fortgesetzte und immer mögliche Steigerung mit dem Unendlichen nach dem Gesetze der Kontinuität zusammenhängt. Hier ist der Abstand der unendlichen Realität und der endlichen durch eine bestimmte Größe, die ihren Unterschied ausmacht, festgesetzt. Und die Welt, die sich auf derjenigen Sprosse von der Leiter des Wesens befindet, wo die Kluft anhebt, die die unermeßlichen Grade der Vollkommenheit enthält, welche den Ewigen über jedes Ge-

---

[1]) Cf. dagegen II. S. 198 u. 90, wo diese Voraussetzung gefallen ist: „Es ist ein großer Mißverstand, wenn man die Summe der Realität mit der Größe der Vollkommenheit als einerlei ansieht“. . . .

„Nicht als wenn ich dafür hielte, alle Realität sei schon so viel, wie alle Vollkommenheit, oder auch die größte Zusammenstimmung zu Einem mache sie aus. Ich habe wichtige Ursachen von diesem Urteile vieler Andern sehr abzugehen“.

schöpf erheben, diese Welt, sage ich, ist das Vollkommenste unter allem, was endlich ist" (II. S. 32/3).

Daß diese vollkommenste Welt aber auch die unsrige ist, dafür gibt Kant folgenden naiven Beweis: „Darum weil Gott diese Welt unter allen möglichen, die er kannte, allein wählte, muß er sie für die beste gehalten haben, und weil sein Urteil niemals fehlt, so ist sie es auch in der Tat. Wenn es auch möglich wäre, das höchste Wesen könnte nach der erdichteten Art von Freiheit, die einige auf die Bahn gebracht haben, wählen und unter viel Besserem das Schlechtere vorziehen durch ich weiß nicht was für ein unbedingtes Belieben, so würde es doch dieses nimmer getan haben. Man mag sich so etwas von irgend einer Untergottheit der Fabel träumen lassen, aber dem Gott der Götter geziemt kein Werk, als welches seiner würdig ist, d. i. welches unter allem Möglichen das beste ist" (II. S. 34).

Auf den Versuch über den Optimismus tritt eine Pause von mehreren Jahren ein, während welcher Kant mit keiner Publikation an die Öffentlichkeit tritt. Um so fruchtbarer werden die beiden Jahre 1762 und 1763, welche vier Abhandlungen zeitigen, von denen jede gleich bedeutend und aufschlußreich für das Verständnis der Weiterentwicklung der Kantischen Philosophie ist. Die Schrift über den Optimismus hat gezeigt, daß Kant 1759 noch vom Leibniz-Wolffschen Rationalismus beherrscht ist; nicht daß sein Glaube an die Souveränität und Zuverlässigkeit der menschlichen Vernunft ein blinder wäre; Newton und (in der 2ten Hälfte der 1ten Periode) Crusius haben seinen kritischen Blick für die Mängel der Schulmetaphysik geschärft, wie dies gleich in der ersten Schrift hervorgetreten ist.

Ferner haben die beiden Grundvoraussetzungen des materialen Rationalismus, welcher logische Begründung reale Geltung beanspruchen läßt und die Erkenntnis des Wesens der Dinge, der gesamten Wirklichkeit, des Weltganzen durch klares und deutliches Denken allein für möglich hält, wesentliche Einschränkungen erfahren. Insbesondere waren es die Probleme der rationalen Theologie, welche auf die Modifizierung seines metaphysischen Standpunktes vor allem einen nachhaltigen Einfluß ausübten: Aus dem willkürlich gesetzten Begriff, sagte die Kritik des ontologischen Gottesbeweises in der Nova Dilucidatio, ist das Dasein unmöglich abzuleiten; auf einen anderen Grund für die Existenz Gottes dagegen legt er besonderen Wert, nämlich den Beweis aus dem durchgängigen Zusammenhang der Dinge, der das offenbarste Zeugnis für eine höchste Ursache aller Dinge, d. h. für Gott ist.

War schon die Vertiefung in die Fragen der rationalen Theologie geeignet, Kant in seiner Weiterentwicklung eine zum Wolffschen Rationalismus gegensätzliche Stellung einnehmen zu lassen, so sollte parallel mit dieser Beschäftigung das wachsende Mißtrauen gegen die mangelhafte Methode der Metaphysik, auf welche wir bereits in der 1ten Schrift seine Aufmerksamkeit gerichtet fanden, ein weiteres, nicht zu verachtendes Motiv zur selbständigen Formulierung eines neuen metaphysischen Standpunktes abgeben.

Gleichzeitig mit der Überzeugung von der Unhaltbarkeit der theologischen Grundsätze, deren Stärke in den Beweisen vom Dasein Gottes bestand, verdichteten sich die unbestimmten Zweifel an der richtigen Methode der Metaphysik zu greifbaren Formen, und die gegensätzliche Stellung zur spekulativen Theologie war wohl geeignet, ihn die Gedanken über die Methode der Metaphysik zu einem gewissen Abschluß bringen zu lassen. Je mehr diese eine positive Gestalt annehmen, um so mehr würzt er die Ausfälle gegen die Metaphysiker seiner Zeit, deren Autorität bisher über allen Zweifel erhaben war, mit überlegener Ironie, und unterläßt vom Jahre 1762 ab in keiner seiner Schriften, mit geißelndem Spott gegen dieselben zu Felde zu ziehen.[1])

---

[1]) „Allein es ist einmal das Los des menschlichen Verstandes so bewandt, entweder er ist grüblerisch und gerät auf Fratzen, oder er hascht verwegen nach zu großen Gegenständen und baut Luftschlösser" (II. S. 57). (In den „Träumen" entsprechend: „Die Luftbaumeister der mancherlei Gedankenwelten") (II. S. 342).

„Eine so schlüpfrige Erkenntnis, wie die metaphysische ist . . ." (II. S. 189). „Denn was die metaphysischen Intelligenzen von vollendeter Einsicht anlangt, so müßte man sehr unerfahren sein, wenn man sich einbildete, daß zu ihrer Weisheit noch etwas könnte hinzugetan oder von ihrem Wahne etwas könnte hinweggenommen werden" (II. S. 170). „Da der gründlichen Philosophen, wie sie sich selbst nennen, täglich mehr werden, die so tief in alle Sachen einschauen, daß ihnen auch nichts verborgen bleibt, was sie nicht erklären und begreifen könnten . ." (II. S. 201). „Denn ob ich schon an der überfeinen Weisheit derjenigen, welche sichere und brauchbare Begriffe in ihrer logischen Schmelzküche so lange übertreiben, abziehen und verfeinern, bis sie in Dämpfen und flüchtigen Salzen verrauchen, so wenig Geschmack, als Jemand anderes finde . . ." (II. S. 75).

„Ich verhehle nicht, daß ich die aufgeblasene Anmaßung ganzer Bände voll Einsichten dieser Art, so wie sie jetziger Zeit gangbar sind, mit Widerwillen, ja mit einigem Hasse ansehe, indem ich mich vollkommen überzeuge, daß die im Schwange gehende Methode dem Wahn und den Irrtümern aller dieser eingebildeten Einsichten nicht so schädlich sein könne, als die erträumte Wissenschaft mit ihrer so verwünschten Fruchtbarkeit" (VIII. 673).

II.

Den direkten Anstoß zur Weiterentwicklung aber scheint noch ein anderes Problem gegeben zu haben:

Wir fanden Kants Denken bei Beginn seiner literarischen Tätigkeit beherrscht von dem Antagonismus, welchen die Leibnizsche Philosophie und die Newtonsche Physik in ihm hervorgerufen hatten. Beide Systeme stehen in einem unvereinbaren Widerspruch; dort eine vorherbestimmte Harmonie, welche die reale Wechselwirkung der Monaden aufhebt, um an ihre Stelle eine ideale Übereinstimmung der inneren Beziehungen zu setzen; hier eine durchaus reale Wechselwirkung unter den Substanzen, beruhend auf dem Gegensatz verschiedener Kräfte als dem Prinzip der Welterklärung. Die Newtonsche Anschauung hatte Kant seiner „Dynamischen Physik" zugrunde gelegt; sie metaphysisch zu fundieren, schrieb er seine „Nova Dilucidatio". Er sucht in derselben nach einem Prinzip, welches die Wechselwirkung erklärlich machen soll. In der gegenseitigen Abhängigkeit der Dinge untereinander findet er den Grund ihrer Veränderung; die Möglichkeit der gegenseitigen Einwirkung aber soll in der gemeinsamen Abhängigkeit von Gott liegen. Leibniz bedurfte der prästabilierten Harmonie, um die inneren Vorgänge in den einzelnen Monaden durch die gemeinsame Abhängigkeit von Gott in Übereinstimmung zu bringen, ohne sie kausal von einander abhängig zu machen.

Kant weiß die wechselseitige Verknüpfung der Substanzen schließlich auch nicht anders zu erklären, als durch die mystische Ausflucht der Berufung auf Gott, als den gemeinsamen Urgrund der Dinge.[1])

[1]) Die Verwandtschaft dieses Gedankens mit dem Okkasionalismus darf den Gegensatz Kants zu Malebranche nicht übersehen lassen. Wie Kant sich ausdrücklich gegen die Identifizierung seiner Lehre mit

Bedeutet diese Erklärung nicht wieder einen Rückfall in die prästabilierte Harmonie, welche Kant durch Newton eben überwunden haben will? Doch nicht. Leibniz kennt keine wechselseitige Verknüpfung der Monaden, für ihn existieren nur ideale Beziehungen einer inneren Harmonie. Was er durch die Abhängigkeit von Gott erklären will, ist nicht eine gegenseitige, reale Abhängigkeit, sondern die innere Übereinstimmung der Substanzen ohne jede gegenseitige Einwirkung. Der influxus physicus ist unmöglich, weil keine Substanz auf eine andere wirken kann: Die Monade hat keine Fenster, durch die etwas Äußeres in sie einzudringen vermöchte.

Kants Grundüberzeugung ist die wirkliche Einwirkung der Substanzen aufeinander durch wahrhaft wirkende Ursachen. Die Berufung auf Gott will diese wahrhafte Einwirkung nur erklärlich machen, nicht sie aus der Welt schaffen. Die Berufung auf Gott ist augenscheinlich nur ein Notbehelf, weil ihm eine andere Erklärung fehlt.

Nachdem Kant einmal die Bedeutung des Newtonschen Prinzips der Wechselwirkung für die mechanische Kosmogonie, wie überhaupt für die physische Welt erkannt hatte,[1]) suchte er, der Fruchtbarkeit desselben bewußt und von der Tragfähigkeit desselben überzeugt, diesen Antagonismus der Kräfte, über die Grenzen der materialen Welt hinaus, auch auf das geistige und moralische Gebiet auszudehnen,[2]) und trat damit in einen immer entschiedeneren Gegensatz zur Naturanschauung Leibnizens.

---

dem influxus physicus verwahrt, so verneint er auch den Okkasionalismus (neque commercium substantiarum per causas occasionales Malebranchii hic statuitur . . . sed est realis substantiarum in se invicem facta actio, s. commercium per causas vere efficientes I. S. 415). Denn bei Malebranche ist der Zusammenhang der Dinge nur ein scheinbarer, die Körper wirken nicht aufeinander als wirkende Ursachen, sondern Gott als alleiniger Schöpfer ist auch die einzig wahre Ursache, und die Dinge sind nur Wirkungen seiner ewigen Tätigkeit.

[1]) „In dem Konfliktus der entgegengesetzten Realgründe besteht die Vollkommenheit der Welt überhaupt, gleich wie der materiale Teil derselben ganz offenbar bloß durch den Streit der Kräfte in einem regelmäßigen Laufe erhalten wird" (II. S. 198).

[2]) Cf. „Neg. Größen". II. § 3. III. § 1 (II. S. 182 ff.).

In dem „Versuch den Begriff der negativen Größen in die Weltweisheit einzuführen" scheint Kant sich diesen Gegensatz zu Leibniz zum ersten Mal zu klarem Bewußtsein gebracht zu haben. Für diese Annahme spricht eine spätere Stelle, welche stark an die „Negativen Größen" anklingt und welche die hauptsächlichsten Differenzpunkte bezeichnet, die seine eigene Welt- und Lebensanschauung hinsichtlich ihres ganzen Geistes und Charakters von der Leibnizschen unterscheiden:[1])

„Sein Satz des zureichenden Grundes . . . brachte die Folgerung hervor, daß alle Dinge, metaphysisch betrachtet, aus Realität und Negation, aus dem Sein und Nichtsein, wie bei dem Demokrit alle Dinge im Weltraume aus den Atomen und dem Leeren zusammengesetzt wären, und der Grund einer Negation (cf. II. S. 190) kein anderer sein könne, als daß kein Grund, wodurch etwas gesetzt wird, nämlich keine Realität da ist, und so brachte er aus allem sogenannten metaphysischen Bösen, in Vereinigung mit dem Guten dieser Art, eine Welt aus lauter Licht und Schatten hervor, ohne in Betrachtung zu ziehen, daß, um einen Raum in Schatten zu stellen, ein Körper da sein müsse, also etwas Reales, was dem Lichte widersteht, in den Raum einzudringen. Nach ihm würde der Schmerz nur den Mangel an Lust, das Laster nur den Mangel an Tugendantrieben, und die Ruhe eines bewegten Körpers nur den Mangel an bewegender Kraft zum Grunde haben . . ., ohne in Betrachtung zu ziehen, daß in der Anschauung z. B. im Raume eine Entgegensetzung des Realen (der bewegenden Kraft) gegen ein anderes Reale, nämlich eine bewegende Kraft in entgegengesetzter Richtung (cf. II. 191), und so auch nach der Analogie in der inneren Anschauung, einander entgegengesetzte reale Triebfedern (cf. II. S. 192) in einem Subjekt verbunden werden können, und die . . . Folge von diesem Konflikt der Realitäten (cf. II. S. 198) Negation sein könne; aber freilich hätte er zu diesem Behuf einander entgegenstehende Richtungen, die sich nur in der Anschauung, nicht in bloßen

[1]) Cf. Dieterich, „Die Kantische Philosophie" (S. 186).

Begriffen vorstellen lassen, annehmen müssen, und dann entsprang das wider den gesunden Verstand, selbst sogar wider die Moral verstoßende Prinzip, daß alles Böse als Grund = 0, d. i. bloße Einschränkung oder . . . das Formale der Dinge sei" (VIII. S. 544).

Nachdem Kant in der „Nova Dilucidatio" zwischen Erkenntnis- und Sachgrund unterschieden hatte und damit auf den Unterschied zwischen Denken und Sein aufmerksam geworden war, durfte sein kritischer Geist das Problem nicht ruhen lassen, bis die unklaren Beziehungen zwischen realen und logischen Verhältnissen aufgehellt waren. Der erkenntnistheoretische Gesichtspunkt des Problems lag so nahe, daß es nur noch eines letzten Anstoßes bedurfte, um das objektive Problem zu einem subjektiven zu erheben. Die Mathematik, die eine so bedeutende Rolle in der Entwicklungsgeschichte der Kantischen Metaphysik spielt, sollte diesen Anstoß erteilen; sie war es, die ihm hier ein Licht auf den Weg gab.

Schon in der Kräfteschätzung war unserem Philosophen aufgefallen, daß die mathematische und die philosophische Behandlungsweise desselben Problems zu verschiedenen Resultaten geführt hatten. Die lebendigen Kräfte mußten aus der Mathematik verwiesen werden, um in die Natur aufgenommen zu werden.

Nachdem Kant einmal auf eine gewisse Differenz des mathematischen und des philosophischen Verfahrens aufmerksam geworden war, mußte er, dadurch stutzig und mißtrauisch gemacht, die Beziehungen, welche zwischen beiden Wissenschaften obwalten, weiter verfolgen. Die „Physische Monadologie" deckt die Verschiedenheit mathematischer und philosophischer Betrachtungsweise auch an der Hand von anderen Beispielen auf, so an dem Begriff des Raumes, zu welchem Metaphysik und Geometrie entgegengesetzte Stellung einnehmen.[1]) Kant kommt so zu dem negativen Resultat, daß

---

[1]) „Quo pacto metaphysicam geometriae conciliare licet, cum gryphes facilius equis, quam philosophia transscendentalis geometriae jungi posse videantur? Etenim cum illa spatium in infinitum divisibile esse praefracte neget, haec eadem, qua cetera solet, certitudine asseverat.

die Philosophie sich vergeblich bemüht, durch Nachahmung der faszinierenden Methode der Mathematik die Gewißheit und Deutlichkeit dieser Wissenschaft zu erreichen. Statt mit dem Gepränge der nachgeahmten äußeren Form „in mittelmäßigen Umständen trotzig zu tun“, würde die Philosophie besser getan haben, sich einige von den Begriffen und Lehren der Mathematik zunutze zu machen. Nicht durch die Nachahmung ihrer Methode, sondern durch die wirkliche Anwendung ihrer Sätze auf die Gegenstände der Philosophie kann die Mathematik der Weltweisheit zu wahrem Nutzen gereichen, wie die Naturwissenschaft dadurch, daß sie die Lehren der Mathematik zu ihrem Nutzen verwandte, sich zu einer Höhe aufgeschwungen hat, worauf sie sonst keinen Anspruch hätte machen können.

Newton hatte die anziehenden und abstoßenden Kräfte treffend in Parallele gesetzt zu den positiven und negativen Größen der Mathematik. Die Mathematik nennt eine Größe in Ansehung einer anderen negativ, insofern sie mit ihr nicht anders, als durch Entgegensetzung kann zusammengenommen werden, nämlich so, daß eine in der andern, soviel ihr gleich ist, aufhebt; so daß man eigentlich keine Größe schlechthin negativ nennen kann, sondern sagen muß, daß +a und —a eins die negative Größe des anderen sei. Die Benennung „—“ zeigt also nicht eine besondere Art Dinge ihrer inneren Beschaffenheit nach an, sondern das Gegenverhältnis, mit gewissen anderen Dingen, die durch „+“ bezeichnet werden, in einer Entgegensetzung zusammengenommen zu werden. So auch in der Wirklichkeit: Eine negative Größe in der Wirklichkeit ist nicht das kontradiktorische Gegenteil der positiven, wie beim logischen Widerspruch, sondern das Konträre des Positiven, d. h. selbst ein Positives, das nur durch Beziehung zu dem andern ein Negatives wird.

Kant findet diesen Vergleich überaus glücklich: „Wenn es dem berühmten Herrn Crusius beliebt hätte, sich den Sinn

---

Haec vacuum spatium ad motus liberos necessarium esse contendit, illa explodit. Haec attractionem s. gravitatem universalem a causis mechanicis vix explicabilem, sed ab insitis corporum in quiete et in distans agentium viribus proficiscentem commonstrat, illa inter vana imaginatonis ludibria ablegat“ (I. S. 475/6).

der Mathematiker bei diesem Begriffe bekannt zu machen, so würde er die Vergleichung des Newton nicht bis zur Bewunderung falsch gefunden haben, da er die anziehende Kraft, welche in vermehrter Weite, doch nahe bei den Körpern, nach und nach in eine zurückstoßende ausartet, mit den Reihen vergleicht, in denen da, wo die positiven Größen aufhören, die negativen anfangen. Denn es sind die negativen Größen nicht Negationen von Größen, wie die Ähnlichkeit des Ausdruckes ihn hat vermuten lassen, sondern etwas an sich selbst wahrhaftig Positives, nur was dem andern entgegengesetzt ist. Und so ist die negative Anziehung nicht die Ruhe, wie er dafür hält, sondern die wahre Zurückstoßung" (II. S. 169).

Damit ist die Verschiedenheit von Sein und Denken proklamiert, und das Problem der Realentgegensetzung tritt in ein ganz neues Licht. Den kausalen Zusammenhang der Dinge, den Kant bisher bemüht war durch einen gemeinsamen Grund verständlich zu machen, hatte er immer nur objektiv betrachtet; jetzt mußte ihm die subjektive Seite des Problems zum Bewußtsein kommen, und damit wird das metaphysische Problem zu einem rein erkenntnistheoretischen.

So wird Kant immanent, d. h. fließend und allmählich von der Naturphilosophie zur Metaphysik und Erkenntnistheorie geführt. Daß es aber der mathematische Begriff der negativen Größe war, welcher hier den letzten Anstoß gegeben hat, das deutet Kant selbst in der Einleitung der Schrift an, die den Begriff der negativen Größen in die Weltweisheit einführt. Der Begriff der negativen Größen, meint Kant, ist ein solcher Begriff, dessen Anwendung auf die Gegenstände der Philosophie dieser zu wahrhaftem Nutzen gereichen und eine gar fruchtbare Anwendung abgeben kann.

Zu wahrhafter Bedeutung aber gelangt der Begriff der Realentgegensetzung und der negativen Größen erst dadurch, daß er mit einem grundlegenden Probleme der Erkenntnistheorie, mit dem Kausalitätsprinzip, in Zusammenhang gebracht wird.

Daß der kausale Zusammenhang, in welchem die realen Ereignisse der Wirklichkeit stehen, ein anderer ist, als die logische Verbindung der Begriffe unserer Vorstellungswelt, hatte Kant schon in seiner „Nova dilucidatio“ konstatiert. Doch der prinzipielle Unterschied beider Verhältnisse ist hier noch nicht klar herausgearbeitet. Die Untersuchung über: „Die falsche Spitzfindigkeit der vier syllogistischen Figuren“ (1762) leistete in dieser Frage eine treffliche Vorarbeit.[1])

Mit der geometrischen Methode war auch das syllogistische Verfahren in der Philosophie wieder zu Ansehen gekommen. Den richtigen Vernunftgebrauch vorausgesetzt, sollte die mathematische Methode, ebenso wie die Mathematik selbst, widerspruchslose Geltung haben, auch für den Bereich der Wirklichkeit. Wie Euklid seine Lehrsätze aus einigen wenigen Axiomen, so galt es, alle Erkenntnis durch Ableitung aus den höchsten Wahrheiten zu erhalten; es lag also nahe, den verschiedenen Arten der Schlüsse besondere Aufmerksamkeit zu schenken. Die Syllogistik hatte es auf vier Hauptformen gebracht. Kant sah in diesem spitzfindigen Schematismus eine leere Spielerei und suchte die verschiedenen Figuren wieder auf einen Grundmodus zurückzuführen, die Vergleichung eines Merkmals einer Sache durch ein Zwischenmerkmal (terminus medius). Alle übrigen Figuren seien, wenn auch nicht falsch, so doch überflüssig. Es wäre besser gewesen, sich niemals mit solchem unnützen Plunder zu belästigen.

Wichtiger als die Reduktion der alten vier syllogistischen „Schulfratzen“ auf einen Grundmodus ist die Behandlung des Urteilproblems, in welches Kant seine kritische Sonde prüfend einführt.

Die beiden Grundfähigkeiten der menschlichen Seele, Verstand und Vernunft, sollen in dem Vermögen bestehen,

[1]) In der Reihenfolge der Schriften folgen wir Kuno Fischer: 1) die falsche Spitzfindigkeit der vier syllogistischen Figuren, 2) Versuch, den Begriff der negativen Größen in die Weltweisheit einzuführen, 3) der einzig mögliche Beweisgrund zu einer Demonstration für das Dasein Gottes, 4) Untersuchungen über die Deutlichkeit der Grundsätze der natürlichen Theologie und Moral. Der minutiösen Frage, welche dieser Schriften einige Monate früher oder später geschrieben wurde, ist nach Paulsen „großes Gewicht überhaupt nicht beizumessen“.

deutlich zu erkennen, d. i. zu urteilen, und Vernunftschlüsse zu machen.

Urteilen heißt „etwas als ein Merkmal mit einem Ding vergleichen" oder — die Erklärung gilt nur für die bejahenden Urteile — etwas als ein Merkmal eines Dinges klar und deutlich erkennen. Dazu bedarf es nur der richtigen Analyse nach dem Satze der Identität, denn das Merkmal ist — wenn auch versteckt — im Subjekt mitenthalten; das Urteil erweitert daher nicht meine Kenntnisse; durch die Zergliederung des Subjektbegriffes verdeutlicht es nur meine Vorstellung. Urteilen heißt also — das ist Kants Standpunkt, den er erst in der Kritik der reinen Vernunft modifiziert — eine Vorstellung verdeutlichen. Nicht anders ist es mit den logischen Schlüssen bewandt, denn schließen ist nichts weiter als mittelbar, d. h. durch ein Zwischenglied urteilen. Alle bejahenden Urteile stehen unter der gemeinschaftlichen Formel des Satzes der Einstimmung: cuilibet subjecto competit praedicatum ipsi identicum; alle verneinenden unter dem Satze des Widerspruchs: nulli subjecto competit praedicatum ipsi oppositum. Wo diese Sätze unmittelbar eingesehen werden, sollen die Urteile unerweislich, wo sie mittelbar erkannt werden, erweislich sein. „Die menschliche Erkenntnis ist voll solcher unerweislicher Urteile" (II. S. 61).

Was die Kraft des Urteilens selbst betrifft, so geht Kants Meinung dahin, daß „diese Kraft oder Fähigkeit nichts anders sei als das Vermögen des inneren Sinnes, d. i. seine eigenen Vorstellungen zum Objekte seiner Gedanken zu machen. Dieses Vermögen ist nicht aus einem andern abzuleiten, es ist ein Grundvermögen im eigentlichen Verstande und kann, wie ich dafür halte, bloß vernünftigen Wesen eigen sein. Auf demselben aber beruht die ganze obere Erkenntniskraft" (II. S. 60. Syllogistik, Schlußbetr.).

Die „Spitzfindigkeit" zeigt also, daß wir auf dem Wege begrifflicher Konstruktion keine Erkenntnis gewinnen können. Alles Urteilen besteht nur im Verdeutlichen von Begriffen. Die neuen Beziehungen, in welche wir den bisherigen Erkenntnisinhalt bringen, sind rein formale, die nicht dazu angetan sind, den Besitzstand unserer Vernunft zu erweitern.

Damit ist der volle Gegensatz zur Wolffschen Schule proklamiert; nun kann es gelten, den logischen „Koloß umzustürzen, der sein Haupt in die Wolken des Altertums verbirgt, und dessen Füße von Ton sind". Syll. § 5 (II. S. 57).

Obgleich wir eigentlich nur berechtigt sind, gleichartige Begriffe nach den Sätzen der Identität und des Widerspruchs zu kombinieren, sind wir doch gewohnt, auch die realen Veränderungen in der Natur, welche auf dem Konflikt entgegengesetzter Kräfte beruhen und mit dem logischen Denkgesetz des Satzes vom Widerspruch nichts zu tun haben, logisch zu deuten.

„Der Versuch, den Begriff der negativen Größen in die Weltweisheit einzuführen", sollte zeigen, daß logische und reale Entgegensetzung etwas Grundverschiedenes sind und nichts weiter als den Namen gemeinsam haben.

Die logische Entgegensetzung ist der Widerspruch, contradictio; sie besteht darin, daß von ebendemselben Dinge etwas zugleich bejaht und verneint wird. Die Folge dieser logischen Verknüpfung ist gar nichts (nihil negativum irrepraesentabile). Denn es ist selbstverständlich, daß logisch entweder nur das eine oder nur das andere Prädikat gesetzt werden kann: ein Körper kann nicht zugleich in Bewegung und in Ruhe sein: eins hebt das andere auf nach dem Grundsatz unseres Denkens, dem Satz vom Widerspruch.

Wie steht es aber mit der realen Entgegensetzung? Ist es auch ein Widerspruch, wenn in der Wirklichkeit zwei Prädikate eines Dinges einander entgegengesetzt sind und sich gegenseitig aufheben? Offenbar nein; es ist durchaus logisch denkbar, daß ein Körper eine Bewegkraft nach einer Gegend und eine gleiche Bestrebung in entgegengesetzter Richtung hat; das eine ist nicht das kontradiktorische Gegenteil des andern; es handelt sich hier überhaupt nicht um eine Frage der Logik unseres Denkens, sondern um reale Vorgänge in der Natur, welche mit dem Denkgesetz des Satzes vom Widerspruch nichts zu tun haben. Obgleich auch hier beide Prädikate als positive Gründe eins die Folge des anderen aufheben, wird durch das eine derselben dasjenige nicht verneint, was durch das andere bejaht wird. Gleichwohl liegt auch hier eine wahre Entgegensetzung vor, allein die Folge ist etwas (repraesentabile), im obigen Beispiel die Ruhe. Untugend ist nicht lediglich eine Verneinung, sondern eine negative Tugend. Kurz, das logisch Entgegengesetzte läßt sich nicht vereinigen, das real Entgegengesetzte sehr wohl, ja in dem Konflikt entgegengesetzter Realgründe besteht die Vollkommenheit der Welt; gerade durch den Streit entgegengesetzter Kräfte erhält sich das Weltgetriebe, oder, wie Heraklit sagt: πόλεμος πατὴρ πάντων.

Die logische Entgegensetzung ist vermittels des Satzes vom Widerspruch deutlich einzusehen; „allein wie durch die Bewegung eines Körpers die Bewegung eines andern aufgehoben werde, da diese mit jener doch nicht im Widerspruch steht, das ist eine andere Frage... Man versuche nun, ob man die Realentgegensetzung überhaupt erklären und deutlich könne zu erkennen geben, wie darum, weil etwas ist, etwas Anderes aufgehoben werde, und ob man etwas mehr sagen könne, als was ich davon sagte, nämlich lediglich, daß es nicht durch den Satz des Widerspruchs geschehe" (Negative Größen, Abschn. 3. Allg. Anmerkungen II. S. 203).

Parallel dieser Unterscheidung von logischer und realer Entgegensetzung geht die vom logischen und vom Realgrunde. Wie dort die logische Entgegensetzung durch den Satz des Widerspruchs, so wird hier das Verhältnis von Grund und Folge durch den Satz der Identität verstanden, weil die Folge im Grunde schon enthalten ist. Der Begriff des Grundes braucht nur zergliedert, deutlich gemacht zu werden, damit der im Grunde schon mitgedachte Begriff der Folge zum Vorschein kommt.

Anders bei dem Realgrunde: Hier ist die Folge in der Ursache durchaus nicht enthalten; sie ist etwas gänzlich Verschiedenes, auf das ich nicht stoße, auch wenn ich den Realgrund noch so eingehend zergliedere; wie diese Kausalität zustande kommt, ist daher nicht einzusehen:

„Ich verstehe sehr wohl, wie eine Folge durch einen Grund nach der Regel der Identität gesetzt werde, darum weil sie durch die Zergliederung der Begriffe in ihm enthalten befunden wird, ... weil sie wirklich einerlei ist mit einem Teilbegriffe des Grundes und, indem sie schon in ihm befaßt wird, durch denselben nach der Regel der Einstimmung gesetzt wird. Wie aber etwas aus etwas Anderem, aber nicht nach der Regel der Identität, fließe, das ist etwas, welches ich mir gern möchte deutlich machen lassen. Ich nenne die erstere Art eines Grundes den logischen Grund, weil seine Beziehung auf die Folge logisch, nämlich deutlich nach der Regel der Identität, kann eingesehen werden, den Grund aber der zweiten Art nenne ich den Realgrund, weil diese Beziehung wohl zu meinen wahren Begriffen gehört, aber die Art derselben auf keinerlei Weise kann beurteilt werden.

Was nun diesen Realgrund und dessen Beziehung auf die Folge anlangt, so stellt sich meine Frage in dieser einfachen Gestalt dar: wie soll ich es verstehen, daß, weil Etwas ist, etwas Anderes sei? Eine logische Folge wird eigentlich nur darum gesetzt, weil sie einerlei ist mit dem Grunde ... Der göttliche Wille ist etwas. Die existierende Welt ist etwas ganz Anderes. Indessen durch das eine wird das andere gesetzt ... Ein Körper A ist in Bewegung, ein anderer B in der geraden Linie derselben in Ruhe. Die Bewegung von A ist etwas, die von B ist etwas Anderes, und doch wird durch die eine die andere gesetzt. Ihr möget nun den Begriff vom göttlichen Wollen zergliedern, soviel euch beliebt, so werdet ihr niemals eine existierende Welt darin antreffen, als wenn sie darin enthalten und um der Identität willen dadurch gesetzt sei, und so in den übrigen Fällen. Ich lasse mich auch durch die Wörter Ursache und Wirkung, Kraft und Handlung nicht abspeisen. Denn wenn ich etwas schon als eine Ursache wovon ansehe, oder ihr den Begriff einer Kraft beilege, so habe ich in ihr schon die Beziehung des Realgrundes zu der Folge gedacht, und dann ist es leicht die Position der Folge nach der Regel der Identität einzusehen" (II. S. 202/3).

Auch Crusius hatte bereits den Idealgrund vom Realgrund unterschieden. Aber nach ihm ist der Abendwind ein Realgrund von Regenwolken und zugleich ein Idealgrund, weil man sie daraus erkennen und voraus vermuten könne.

Sein Idealgrund ist einerlei mit dem Erkenntnisgrunde, und da ist leicht einzusehen, daß, wenn ich etwas schon als einen Grund ansehe, ich daraus die Folge schließen kann. „Nach unseren Begriffen aber ist der Realgrund niemals ein logischer Grund, und durch den Wind wird der Regen nicht zufolge der Regel der Identität gesetzt" (ebd.).

Das soll nicht heißen, daß hier das Kausalgesetz ungiltig wäre; es ist nur in seiner bisherigen Begründung und Formulierung unverständlich; die Beziehung des Realgrundes zur Folge, bemerkt Kant ausdrücklich, gehört zu unseren wahren Begriffen, aber die Art derselben kann nach der bisherigen Begründung nicht beurteilt werden.

Das Ergebnis ist also ein negatives: das reale Verhältnis von Ursache und Wirkung kann durch das logische Verhältnis von Grund und Folge nicht erkannt werden; wodurch sonst? gesteht Kant nicht einsehen zu können. Aber auch hier, wie beim Raumproblem, gibt Kant der Hoffnung Ausdruck, das Resultat seiner Betrachtungen dereinst ausführlich darlegen zu können:

„Ich habe über die Natur unseres Erkenntnisses in Ansehung unserer Urteile von Gründen und Folgen nachgedacht, und ich werde das Resultat dieser Betrachtung dereinst ausführlich darlegen. Aus demselben findet sich, daß die Beziehung eines Realgrundes auf etwas, das dadurch gesetzt oder aufgehoben wird, gar nicht durch ein Urteil, sondern bloß durch einen Begriff könne ausgedrückt werden, den man wohl durch Auflösung zu einfacheren Begriffen von Realgründen bringen kann [1]), so doch, daß zuletzt alle unsere Erkenntnisse von dieser Beziehung sich in einfachen und unauflöslichen Begriffen der Realgründe endigen, deren Verhältnis zur Folge gar nicht kann deutlich gemacht werden" (II. S. 203/4).

Was will die angedeutete Lösung sagen? Durch Urteile, d. i. verdeutlichte Begriffe, läßt sich das Verhältnis der Real-

[1]) Daß der Begriff, „den man wohl durch Auflösung zu einfacheren Begriffen von Realgründen bringen kann", nicht die synthetische Kategorie der Kritik und die angedeutete Lösung nicht Kants spätere idealistische ist, bedarf wohl keines besonderen Nachweises.

repugnanz nicht entwickeln; die logisch-begriffliche Analyse überhaupt ist nicht zureichend, irgend etwas über das Kausalverhältnis wirklicher Dinge auszumachen. Die bisherigen Begründungen und Formulierungen des Kausalgesetzes sind daher falsch; nur gegen diese richten sich Kants Bedenken, natürlich nicht gegen die Giltigkeit des Kausalgesetzes überhaupt. Die Beziehung des Realgrundes auf seine Folgen gehört vielmehr zu unseren wahren Begriffen, wenn auch die Art derselben auf keinerlei Weise beurteilt werden kann. Wie die Einsicht in das Verhältnis der realen Opposition, so endigt zuletzt unsere gesamte Erkenntnis in unauflöslichen Begriffen; „in der Aufsuchung dieser unerweislichen Grundwahrheiten besteht das wichtigste Geschäft der höheren Philosophie", heißt es an späterer Stelle (II. S. 281).

Das Ergebnis der „Negativen Größen" bezeichnet nicht nur einen einschneidenden Punkt in der Gedankenentwicklung Kants, es ist auch für die ganze rationalistische Anschauungsweise, der Kant bisher gehuldigt hatte, von geradezu epochemachender Bedeutung gewesen. Der Glaube an die Tragfähigkeit der menschlichen Vernunft war zuvor ein so selbstgewisser, daß ein Zweifel an der Giltigkeit logischer Schlüsse für die Wirklichkeit nie aufgekommen war. Man hat sich deshalb die Frage vorgelegt, ob Kant tatsächlich ganz von selbst zu dieser Entdeckung gekommen sei. Die auffallend ähnliche Problemstellung mit Hume legte es nahe, hier den Einfluß einzusetzen, auf welchen Kant in der bekannten Stelle (Prolegomena, Vorrede S. 8) hinweist: „Ich gestehe frei: Die Erinnerung des David Hume war eben dasjenige, was mir vor vielen Jahren zuerst den dogmatischen Schlummer unterbrach und meinen Untersuchungen im Felde der spekulativen Philosophie eine ganz andere Richtung gab".

Wenn man dazu mit Kuno Fischer annimmt, daß Kant der Einwirkung der Humeschen Theorie nachgebend sich nach 1762 dem Empirismus zuneigt und diese Richtung bis zu dem skeptischen Standpunkt Humes verfolgt (cf. K. F. I, S. 294), so hat diese Datierung viel für sich, weil durch sie gleichzeitig auch der sogenannte Umschwung zum Empirismus und Skeptizismus der 60 er Jahre seine Erklärung findet.

Der Einwurf Paulsens, Kant habe zu dieser Zeit Hume noch gar nicht gelesen, muß entschieden zurückgewiesen werden. Es ist fast mit Sicherheit anzunehmen, daß Kant Humes Essays in jener Zeit gekannt, und wahrscheinlich, daß er sie schon bald nach ihrer Übersetzung durch Sulzer (1754—56) kennen gelernt hat.

Außer den Stellen, an welchen Kant selbst den Namen Humes erwähnt,[1]) sprechen dafür die Zeugnisse Borowskis,[2]) Herders[3]) und der Briefwechsel mit Hamann.[4])

Borowskis Bemerkung: „Durch Hume besonders bekam seine Denkkraft einen ganz neuen Schwung“ könnte direkt darauf hindeuten, daß Kant schon in den ersten Jahren seiner akademischen Laufbahn eine tiefgreifende Einwirkung von Humes Erkenntnistheorie erfahren hätte; doch gemahnt hier der Umstand zur Vorsicht, daß Borowski von 1755 ab Kants Schüler war, die Erinnerung an diese Zeit aber erst 1804 aufgezeichnet hat; sein Urteil mag wohl ein Nachklang von Kants eigenen Worten aus den Prolegomena sein („gab meinen Untersuchungen eine ganz andere Richtung“), an welche es offenbar erinnert.

Aus diesem Gesichtspunkt würde der Datierung von 1762 nichts im Wege stehen. Doch muß es auffallend erscheinen, daß Kant, der Hume in dieser Zeit mehrfach zitiert hat, seiner nur als Moralisten und Essayisten, nirgends aber als des metaphysischen Skeptikers gedenkt. Auch Herders Schätzung

---

[1]) II. 311 in der Nachricht von der Einrichtung seiner Vorlesungen im Winterhalbjahr 1765—66, wo er die Versuche des Shaftesbury, Hutcheson und Hume als solche bezeichnet, welche in der Aufsuchung der ersten Gründe aller Sittlichkeit am weitesten fortgeschritten seien; ferner VIII. S. 48 und II. S. 276.

[2]) „In den Jahren, da ich zu Kants Schülern gehörte, waren ihm Hutcheson und Hume, jener im Fache der Moral, dieser in seinen tiefen philosophischen Untersuchungen ausnehmend wert. Durch Hume besonders bekam seine Denkkraft einen ganz neuen Schwung. Er empfahl diese beiden Schriftsteller uns zum sorgfältigsten Studium“.

[3]) welcher 1762—64 Kants Schüler war und hörte, wie dieser die Lehre von Leibniz, Wolff, Baumgarten, Crusius und Hume prüfte.

[4]) Brief vom 27. Juli 1759 an Kant, wo Hume's als des „attischen Philosophen“ gedacht wird.

in dieser Zeit gilt nur dem moralischen Essayisten, während er dessen theoretischen Untersuchungen keine sonderliche Bedeutung zuschreibt (cf. B. Erdmann, „Kant und Hume um 1762“).

Daß Kant in den „Negativen Größen“ Hume nicht zitiert, wäre an sich irrelevant; zitieren war eben damals wenig üblich; aber folgende Gesichtspunkte geben zu Bedenken Anlaß:

1. Seine gegensätzliche Stellung zu Crusius läßt Kant nicht unerwähnt, obgleich ihm diese Beziehung ferner liegen mußte, als seine direkte Abhängigkeit von Hume, falls er sich der letzteren bewußt war.

2. Kant stellt seine Entdeckung als gänzlich neu hin und verleugnet damit die Priorität der Humeschen Problemstellung: „Es sind diese Betrachtungen nur kleine Anfänge, wie es zu geschehen pflegt, wenn man neue Aussichten eröffnen will“ (II. S. 169; cf. auch II. S. 189).

3. Kant läßt aus verschiedenen Äußerungen hervorblicken, daß ihm ein anderer Lösungsversuch als der seinige unbekannt war: „Wie etwas aus etwas anderem, aber nicht nach der Regel der Identität fließe, das ist etwas, welches ich mir gerne möchte erklären lassen ... (202); man versuche nun, ob man etwas mehr sagen könne, als was ich davon sagte, nämlich lediglich, daß es nicht durch den Satz des Widerspruchs geschehe“ (203).

Doch auch andere, in der Problemstellung selbst liegende Momente sprechen gegen die obige Datierung. Sehen wir zunächst zu, wie Kant zu dem Problem kommt, und wie Hume dazu gekommen ist.

Kant geht aus von der logischen und der realen Entgegensetzung, von denen er die erstere Beziehung verständlich, die letztere unverständlich findet.

Durch die Unterscheidung von logischer und realer Entgegensetzung, durch die negative Fassung des Problems also wird er erst zu der parallelen Unterscheidung vom logischen und Realgrund geführt. Auch hier ist die erstere Beziehung nach der Regel der Identität leicht einzusehen, weil die Folge einerlei ist mit einem Teilbegriffe des Grundes; sie ist im Grunde schon mitgedacht.

Anders beim Realgrund; in der Vorstellung der Wirkung steckt nicht diejenige der Ursache; aus der Ursache ist also logisch die Wirkung nicht abzuleiten. Indessen gehört doch die letztere Beziehung zu unseren „wahren Begriffen". Zum Schluß deutet Kant in kurzen Worten eine Lösung an: die Beziehung eines Realgrundes auf etwas, was dadurch gesetzt oder aufgehoben wird, könne nicht durch ein Urteil, sondern bloß durch einen Begriff ausgedrückt werden.

Hume geht direkt von der Betrachtung einzelner tatsächlicher kausaler Verknüpfungen aus. Woher wissen wir, fragt er, daß zwei Dinge in einem Kausalitätsverhältnis zu einander stehen? Die Erfahrung bietet uns nur die zeitliche Aufeinanderfolge zweier Tatsachen. Diese Wahrnehmung ist das einzige, was wirklich Gegenstand der Beobachtung ist. Zeitliche Verbindung ist aber etwas anderes als ursächliche Verbindung. In der zeitlichen Aufeinanderfolge liegt nicht die Notwendigkeit einer inneren Verknüpfung.

Durch die wiederholte Vorstellung der gleichen Sukzession, durch die Gewohnheit des gleichen Vorstellens entsteht nun aber eine innere Nötigung zur jedesmaligen selben Ideenassoziation. Weil wir gewohnt sind zu sehen, daß ein Ding auf ein anderes der Zeit nach folgt, bilden wir uns die Vorstellung, daß es aus ihm folgen müsse, aus dem Verhältnis der Sukzession machen wir das der Kausalität, aus dem „post hoc" machen wir ein „propter hoc".[1])

Aber Denknotwendigkeit, wie ein mathematischer Satz, hat die Erwartung des Eintreffens der gleichen Wirkungen bei gleichen Ursachen nicht; dieser Glaube besteht nur so lange, als die erhoffte Wirkung durch die nachfolgende Erfahrung bestätigt wird. Ein mathematischer Satz aber ist absolut allgemein und notwendig, keine Beobachtung kann ihn erschüttern. So kommt auch Hume zu dem Ergebnis,

---

[1]) So betrügt sich die Vernunft selbst mit diesem Begriff, indem „sie ihn fälschlich für ihr eigen Kind hält, da er doch nichts Anderes, als ein Bastard der Einbildungskraft ist, die, durch Erfahrung beschwängert, gewisse Vorstellungen unter das Gesetz der Assoziation gebracht hat und eine daraus entspringende subjektive Notwendigkeit, d. i. Gewohnheit für eine objektive aus Einsicht unterschiebt" (Prol. S. 5).

daß das Verhältnis von Ursache und Wirkung ein anderes ist, als das von Grund und Folge.

Vergleichen wir die Gedankengänge beider Philosophen, so müssen wir konstatieren, daß sie tatsächlich beide zu derselben Erkenntnis gekommen sind, daß Denken und Sein einen Gegensatz bilden, und die Wirkung logisch aus der Ursache nicht abzuleiten sei. Der Ausgangspunkt, die Form der Einführung und der Weg aber, auf welchem beide zu demselben Ergebnis gelangt sind, sind grundverschieden. Auch beider Lösungsversuche sind andere. Kant verliert sich zum Schluß in dunkle Andeutungen, das Kausalverhältnis beruhe auf einem unauflöslichen Begriff, während Hume die exakte und klare, wenn auch anfechtbare Argumentation gibt, jene Beziehung beruhe auf subjektiver Gewohnheit und dem dieser entspringenden Glauben, also auf einem Gefühl.

Entspricht endlich das Verhältnis der Kantischen zur Humeschen Behandlung desselben Problems der Schilderung des Abhängigkeitsverhältnisses, wie sie die Prolegomena geben? Hören wir, in welchem Zusammenhang die bekannte Stelle steht:

Kant geht von einer kurzen Erörterung der Lehre Humes aus: „Hume ging hauptsächlich von einem einzigen ... Begriff der Metaphysik, nämlich dem der Verknüpfung der Ursache und Wirkung, ... aus, und forderte die Vernunft ... auf, ihm Rede und Antwort zu geben, mit welchem Rechte sie sich denkt, daß etwas so beschaffen sein könne, daß, wenn es gesetzt ist, dadurch auch etwas Anderes notwendig gesetzt werden müsse .... Er bewies unwidersprechlich, daß es der Vernunft gänzlich unmöglich sei, a priori und aus Begriffen eine solche Verbindung zu denken .... Hieraus schloß er, nur Erfahrung kann uns solche Verknüpfungen an die Hand geben, und alle jene vermeintliche Notwendigkeit ist nichts, als eine lange Gewohnheit, etwas wahr zu finden, und daher die subjektive Notwendigkeit für objektiv zu halten .... (25) Hieraus schloß er (Gesamtergebnis), die Vernunft habe gar kein Vermögen, solche Verknüpfungen .. a priori zu denken“ (Vorrede S. 5 f.).

Seit dem Entstehen der Metaphysik habe sich keine Begebenheit zugetragen, die in Ansehung des Schicksals dieser

Wissenschaft hätte entscheidender werden können, als der Angriff, den David Hume auf dieselbe machte. Allein das der Metaphysik von jeher ungünstige Schicksal wollte, daß er von keinem verstanden wurde. Seine Gegner verfehlten den Punkt seiner Aufgabe, indem sie immer das als zugestanden annahmen, was er eben bezweifelte, nämlich, ob der Begriff der Ursache durch die Vernunft a priori gedacht werde, dagegen aber das als bewiesen annahmen, was ihm niemals zu bezweifeln in den Sinn gekommen war, nämlich ob der Begriff der Ursache richtig, brauchbar und in Ansehung der ganzen Naturerkenntnis unentbehrlich sei. Die Gegner hätten, um der Aufgabe Genüge zu tun, sehr tief in die Natur der Vernunft, sofern sie bloß mit reinem Denken beschäftigt ist, hineindringen müssen. Die Untersuchung wäre es wohl wert, daß sich die guten Köpfe seiner Zeit vereinigt hätten, die Aufgabe in dem Sinne, wie er sie vortrug, wo möglich glücklicher zu lösen, woraus denn bald eine gänzliche Reform der Wissenschaft hätte entspringen müssen. Hume brachte kein Licht in diese Art von Erkenntnis, aber er schlug doch einen Funken, bei welchem man wohl ein Licht hätte anzünden können, wenn er einen empfänglichen Zunder getroffen hätte, dessen Glimmen sorgfältig wäre unterhalten und vergrößert worden (5 ff.).

Kant gesteht von dem „nicht ausgeführten" Gedanken angefangen zu haben, den ihm sein „scharfsinniger Vorgänger" hinterlassen habe. „Die Erinnerung (der kritische Hinweis) des David Hume war eben dasjenige, was mir vor vielen Jahren zuerst den dogmatischen Schlummer unterbrach und meinen Untersuchungen im Felde der spekulativen Philosophie eine ganz anderere Richtung gab."

Danach fährt Kant gleich fort: „Ich war weit entfernt, ihm in Ansehung seiner Folgerungen Gehör zu geben, die bloß daher rührten, weil er sich seine Aufgabe nicht im Ganzen vorstellte, sondern nur auf einen Teil derselben fiel, der, ohne das Ganze in Betracht zu ziehen, keine Auskunft geben kann."

Nun soll aber doch unser Philosoph gerade 1762 und infolge des Humeschen Einflusses mit diesem in größter

Übereinstimmung gewesen sein! Ferner, wo ist nach 1762 die Rede davon, daß Kant im Gegensatz zu Hume, der sich seine Aufgabe nicht im Ganzen vorstellte, „bald" das ganze Problem in seiner möglichst größten Erweiterung in Betracht zog, und wo gar, daß er die Tafel der Kategorien fand, wie er es weiter schildert?

„Ich versuchte also zuerst, ob sich nicht Humes Einwurf allgemein vorstellen ließe, und fand bald, daß der Begriff der Verknüpfung von Ursache und Wirkung bei weitem nicht der einzige sei, durch den der Verstand a priori sich Verknüpfungen der Dinge denkt, vielmehr, daß Metaphysik ganz und gar daraus bestehe. Ich suchte mich ihrer Zahl zu versichern, und da dieses mir nach Wunsch, nämlich aus einem einzigen Prinzip, gelungen war, so ging ich an die Deduktion dieser Begriffe, von denen ich nunmehr versichert war, daß sie nicht, wie Hume besorgt hatte, von der Erfahrung abgeleitet, sondern aus dem reinen Verstande entsprungen seien." . . . (S. 8.)

Von dieser Fortentwickelung über Hume hinaus, die, wenn man die Schilderung nicht willkürlich anders deutet, sich gleich an die Einwirkung Humes anschloß, ist bis nach 1770 noch nichts vorhanden. Dagegen birgt die Problemstellung der „Negativen Größen" Motive zur Weiterentwicklung in sich — die Ausführung über den Realgrund in dem „Beweisgrund", sowie die Einteilung der analytischen und synthetischen Urteile in der Preisschrift, welche beide in engster Beziehung zu den Ausführungen der „Negativen Größen" stehen —, welche in Humes Gedankenentwicklung nicht wirksam waren. Kant hat es in den Prolegomena selbst betont, daß er schon in Lokes Versuchen „einen Wink zu dieser Einteilung" (der analytischen und synthetischen Urteile) angetroffen habe, während Hume nicht einmal Anlaß genommen habe, über diese Sätze Betrachtungen anzustellen. „Denn dergleichen allgemeine und bestimmte Prinzipien lernt man nicht leicht von anderen, denen sie nur dunkel vorgeschwebt haben. Man muß durch eigenes Nachdenken zuvor selbst darauf gekommen sein, hernach findet man sie auch anderwärts, wo man sie gewiß nicht zuerst würde angetroffen haben, weil sie selbst nicht einmal wußten, daß ihren eigenen Bemerkungen eine solche Idee zum Grunde liege" (IV. S. 18).

Nach seiner Schilderung in den Prolegomena wurde also Kant durch das Nachdenken über den verfehlten Humeschen Lösungsversuch direkt zur Verallgemeinerung des Problems (Zahl, Prinzip der Kategorien) und aus der mittelbaren Erkenntnis, daß die Verstandesbegriffe „reine" sind, zum Gegenstand der Deduktion, d. i. zum Schwerpunkt des Kritizismus geführt. In diesem Sinne bezeichnet er auch die Kritik als die „Ausführung des Humeschen Problems in seiner möglich größten Erweiterung". Wenn auch noch dahingestellt bleiben muß, ob das in den Prolegomena geschilderte Fortgehen über Hume hinaus dem historischen Entwickelungsgang Kants entspricht, so geht doch aus dem Zusammenhang ohne Zweifel hervor, daß die Erweckung aus dem dogmatischen Schlummer den Beginn der kritischen Gedankenreihe bedeutet. Die zur Kritik führende Gedankenreihe aber schon 1762 beginnen zu lassen, geht nicht an. Für die Problemstellung der Kritik hätte der Anstoß von 1762 auch nur untergeordnete Bedeutung im Gegensatz zur Darstellung der Prolegomena.

Aus der späteren Datierung entsteht nur eine Schwierigkeit: Warum sollte Kant, der sich in ähnlicher kritischer Stellung gegenüber der überlieferten Metaphysik befand und sich mit Hume in einem so wichtigen Problem, wie dem der Kausalität, berührte, trotz alledem, wenn er Hume 1762 kannte, diesen nicht beachtet haben?

Erdmann erinnert zur Beseitigung dieser Schwierigkeit daran, wie wenig Verständnis der Humeschen Entdeckung auch von Kants Zeitgenossen, wie Sulzer und Mendelssohn, entgegengebracht wurde (Erdmann, Kant und Hume um 1762, Archiv Band I, S. 229). Kants Denken war noch so im Wolffschen Dogmatismus befangen, daß er damals, als er Hume zum ersten Mal las — und das mag gleich nach 1756 gewesen sein —, noch kein Verständnis für die Tiefe von dessen Erkenntnistheorie hatte.

Auch die Ähnlichkeit der Problemstellung war den genannten Zeitgenossen nicht aufgefallen, wenigstens wies

Mendelssohn in der Rezension der Kantischen Schrift in den „Briefen, die neueste Literatur betreffend" auf die Verwandtschaft der Schrift mit Hume mit keinem Wort hin, obwohl er die philosophischen Versuche des „sinnreichen Skeptikers" genau kannte.

Aus den dargelegten Gründen scheint es unwahrscheinlich, daß Humes Einfluß so früh wirksam geworden ist. Die Einführung einer fremden Einwirkung erweist sich hier aber auch als unnötig, da sich Kants Stellungnahme zum Kausalitätsprinzip hinreichend aus den Motiven erklären läßt, welche der Gedankenentwicklung von 1756 bis 1762 zugrunde lagen. Sie sind allein imstande, diesen Umschwung hinreichend zu motivieren; und die Art und Weise, wie Kant das Kausalproblem einführt und begründet, nämlich durch die negativen Größen der Mathematik und den Begriff der realen Entgegensetzung, macht es wahrscheinlich, daß der angegebene Weg von der Kosmogonie und der Nova dilucidatio her der ist, den Kant geschritten ist.

Paulsen bezeichnet die Annahme, daß der Humesche Einfluß im Anfang der 60er Jahre wirksam geworden sei, so daß namentlich die Schrift über die „Negativen Größen" eine Frucht desselben wäre, noch aus einem anderen Grunde als unwahrscheinlich: sie sei unvereinbar mit Form und Inhalt der nächstfolgenden Schrift: „Der einzig mögliche Beweisgrund zu einer Demonstration des Daseins Gottes" (cf. Paulsen, Entwicklungsgeschichte S. 47 ff.).

Paulsen hält die Vertiefung Kants in die Probleme der spekulativen Theologie (seit der „Nova dilucidatio") für hinreichend, das Reifen der neuen Einsichten zu erklären, wie sie in den Schriften der 60er Jahre niedergelegt sind.

Kant soll auf die Auflösung des vorliegenden erkenntnistheoretischen Problems nicht auf dem geraden Wege der Einsicht in das unmittelbar Widersprechende seiner bisherigen Theorie geraten sein, sondern auf einem Umwege von einer zufälligen Seitenansicht her. Dieser Punkt ist nach Paulsen die Auffassung und Behandlung des Begriffs Gottes und seines Verhältnisses zur Welt. In der „Nova dilucidatio" hat Kant festgestellt, daß das Dasein Gottes nicht aus seinem Begriff abzuleiten sei. Was Kant in diesem speziellen Punkt entdeckt habe, das führe in allgemeiner methodologischer Absicht die Abhandlung über die negativen Größen aus; hier werde das spezielle Resultat auf einen allgemeinen Ausdruck gebracht (cf. Paulsen S. 64/7).

Aus dieser Annahme schließt Paulsen, daß der einzig mögliche Beweisgrund auch der Zeit nach den negativen Größen vorhergehe; er bemerkt jedoch selbst, „daß die Folgerung nicht notwendig sei", (69) und gibt zu, daß der Beweisgrund für sich betrachtet ebensogut eine Anwendung des allgemeinen Ergebnisses der negativen Größen sein könne, als umgekehrt der am einzelnen Problem gewonnene Gesichtspunkt für eine später daran sich knüpfende allgemeine Betrachtung (S. 70).

Allerdings ist die Kritik des ontologischen Beweises schon in der „Nova dilucidatio" gegeben. Es soll auch zugegeben sein, daß die wichtigsten Erörterungen des Beweisgrundes einen Gedanken zum Gegenstand haben, der Kant nicht nur längst vertraut war, sondern ihm auch besonders am Herzen lag. Aber hat ihn nicht auch die reale Entgegensetzung schon früher beschäftigt, so daß es nur noch eines letzten Anstoßes (durch die negativen Größen der Mathematik) bedurfte, die Gedanken darüber zu formulieren? Wenn man die naturphilosophischen Erwägungen der ersten Periode als das treibende Moment ansieht, welches Kant zu den erkenntnistheoretischen Untersuchungen geführt hat, dann macht es der innige Zusammenhang, wie wir ihn zwischen dem Kausalproblem (in der „Nova dilucidatio") und der auf Newtonscher Naturphilosophie gegründeten Weltanschauung Kants konstatiert haben, wahrscheinlicher, daß die Wiederaufnahme der rational-theologischen Fragen erst auf die neue Stellungnahme zum Kausalproblem hin erfolgt ist.

Die Ausführungen über den Realgrund im Anfang des „Beweisgrundes" sind auch offenbar nur eine Anwendung des in der Schrift über die negativen Größen gefundenen Resultates auf den Begriff des absoluten Realgrundes Gottes.

„Reform der Metaphysik" lautet das Motto, das den Schriften, vornehmlich seit Anfang der 60er Jahre, gemeinsam vorausgesetzt ist. In ihren Grundfesten würde nun die alte Metaphysik erschüttert werden, wenn es Kant gelänge, einen entscheidenden Stoß gegen ihr eigenstes und vornehmstes Gebiet — die herkömmlichen Gottesbeweise — zu richten.

Eine Kritik des ontologischen Beweises, der aus der Vorstellung, dem Begriff eines vollkommensten Wesens auf dessen notwendige Existenz schließen will — der Begriff der Vollkommenheit soll nämlich die reale Existenz involvieren —, hat schon die „Nova dilucidatio" gegeben (s. o.). Diese Kritik enthält schon den Kern der Widerlegung desselben Beweises in der speziell der Vernichtung der alten Gottesbeweise gewidmeten Schrift:

„Der einzig mögliche Beweisgrund zu einer Demonstration des Daseins Gottes." 1763.

„Es ist das Dasein in den Fällen, da es im gemeinen Redegebrauch als ein Prädikat vorkommt, nicht sowohl ein Prädikat von dem Dinge selbst, als vielmehr von dem Gedanken, den man davon hat" (II S. 72). Wenn man also den Begriff Gottes auch mit allen Prädikaten der Allmacht und Vollkommenheit belegt, so bezeichnen die Beziehungen aller dieser Prädikate zu ihrem Subjekt doch niemals dessen Existenz, wenn nicht das Subjekt als schon existierend vorausgesetzt ist. „Wenn ich sage: Gott ist allmächtig, so wird nur diese logische Beziehung zwischen Gott und der Allmacht gedacht, da die letztere ein Merkmal des ersteren ist. Weiter wird hier nichts gesetzt. Ob Gott sei, das ist, absolut gesetzt sei oder existiere, das ist darin gar nicht enthalten" (II S. 74). Das Dasein kann überhaupt kein logisches Merkmal sein, es muß durch Wahrnehmung bewiesen werden; alle übrigen Prädikate aber lassen es stets unbestimmt, ob sie zu einem existierenden oder bloß möglichen Subjekt gehören; denn die Existenz steckt nicht im Begriff (cf. Beweisgrund 1. Abtg., 1. Betrchtg.).

Nach den Untersuchungen der „Syllogistik" und „Negativen Größen" kann auch der sogenannte kosmologische Beweis keinen Anspruch mehr auf Beweiskraft machen.

Durch den Satz der Identität, sagen die „Negativen Größen", ist nicht von dem Willen Gottes auf die existierende

Welt zu schließen. Denn man kann den Begriff vom göttlichen Willen zergliedern, soviel man will, man wird nie eine existierende Welt darin antreffen, als wenn sie darin enthalten und um der Identität willen dadurch gesetzt wäre. Ebensowenig wie vom Begriff Gottes auf die Existenz der Welt, läßt sich umgekehrt von der existierenden Welt auf ein absolut notwendig existierendes Wesen als deren Ursache schließen: die Wirkung, die Welt, ist uns wohl bekannt; wie aber soll ich von ihr auf eine unbekannte Ursache schließen, von der ich schlechterdings nichts weiß und nichts wissen kann, weil sie nicht in meinen Erfahrungskreis fällt? Durch logisches Denken ist wohl der Zusammenhang von Grund und Folge zu erkennen, nicht aber der von Ursache und Wirkung. Wie darum, weil etwas ist, etwas Anderes, gänzlich Verschiedenes davon sei, ist vermittels des Satzes vom zureichenden Grunde nicht einzusehen.

Aus demselben Grunde ist auch endlich die dritte, die physikotheologische Methode unzulänglich, welche darin besteht, daß von der Vollkommenheit, Zweckmäßigkeit und künstlichen Ordnung der Welt auf eine höchste, weise Ursache, einen gütigen Schöpfer geschlossen wird. „Sie betrachtet alle Vollkommenheit, Harmonie und Schönheit der Natur als zufällig und als eine Anordnung durch Weisheit, da doch viele derselben mit notwendiger Einheit aus den wesentlichsten Regeln der Natur abfließen" (II S. 118). Zu was die Methode — wenn sie stichhaltig wäre — höchstens führen könnte, das wäre, einen Baumeister, einen Weltordner, aber nicht den absoluten Urheber der Welt, den Weltschöpfer zu beweisen (cf. II S. 122/3).

Indessen bleibt dieser Beweis, der „so alt, wie die menschliche Vernunft" ist, doch der sowohl der Würde, als auch der Schwäche der menschlichen Natur am meisten angemessene.

Was Kant selbst an Stelle der herkömmlichen Gottesbeweise liefern will, soll nicht den Anspruch machen, für eine neue Demonstration des Daseins Gottes gehalten zu werden, sondern will nur den „Beweisgrund zu einer Demonstration" abgeben (II S. 66). Zum Glück hat es auch die Vorsehung nicht gewollt, daß unsere zur Glückseligkeit höchst nötigen Einsichten auf der Spitzfindigkeit feiner Schlüsse beruhen, sondern sie dem natürlichen Verstande unmittelbar überliefert (Beweisgrund, Vorrede.) Es ist überhaupt nicht nötig, daß man das Dasein Gottes demonstriere, es ist nur nötig, daß man sich davon überzeuge (II S. 163).

Gleichwohl kann man sich nicht entbrechen, diese Demonstration zu untersuchen, ob sie sich nicht irgendwo darböte; ein der Nachforschung gewohnter Verstand kann sich der Begierde nicht entschlagen, in einer so wichtigen Erkenntnis etwas Vollständiges und deutlich Begriffenes zu erreichen (Vorrede S. 65).

Nach den „Negativen Größen" mußte es Kant unmöglich erscheinen, aus dem Erfahrungsbegriff des Existierenden (Welt) auf das Dasein Gottes zu schließen, wenn nicht das Dasein in der Erfahrung selbst gegeben ist. Ebenso ist aber auch der Versuch abgetan, aus einem willkürlich konstruierten Begriff (Vollkommenheit) auf die Existenz zu schließen. Damit ist aber nicht — wie Kuno Fischer meint —[1]) jeder Versuch gerichtet, das Dasein a priori zu beweisen. Kant, der dies tatsächlich unternimmt, hätte diese Inkonsequenz wohl selbst eingesehen. Er betont vielmehr ausdrücklich: „Der Beweisgrund von dem Dasein Gottes, den wir geben, ist lediglich darauf erbauet, weil etwas möglich ist. Demnach ist er ein Beweis, der vollkommen a priori geführt werden kann. Es wird weder meine Existenz noch die von anderen Geistern noch die von der körperlichen Welt vorausgesetzt. Er ist in der Tat von dem inneren Kennzeichen der absoluten Notwendigkeit hergenommen" (II S. 91).

Kants ontologischer Beweisgrund aus dem Verstandesbegriff des bloß Möglichen will also rational und a priori sein. Er schließt aber nicht, wie der alte ontologische (Cartesianische) Beweis von dem Begriff des bloß Möglichen als

[1]) „Der Gesichtspunkt, unter dem Kant den letzten Versuch zu einer Berichtigung des ontologischen Beweises gemacht hat, enthält schon die Unmöglichkeit dieses Versuchs" (K. Fischer, Kant I S. 235).

Daß auch dieser Versuch der Kritik nicht Stand halten kann, hat Kant später selbst erkannt und in der transszendentalen Dialektik nachgewiesen.

dem Grund auf das Dasein Gottes als Folge; — dieser Beweis setzt voraus, daß durch Zergliederung des Begriffes die gedachte Existenz darin könne angetroffen werden; das Dasein ist aber gar kein Prädikat! — Kants neuer Beweis schließt vielmehr von den Möglichkeiten der Dinge als Folgen auf das Dasein Gottes als den Grund.

Kants Beweisgang ist folgender: Alle Existenz zu verneinen, ist kein Widerspruch; wohl aber, alles Mögliche zu verneinen. Wenn aber irgend eine Möglichkeit ist, so muß auch etwas Wirkliches sein, „weil, wenn nichts existiert, auch nichts gegeben ist, das denklich wäre, und man sich selbst widerstreitet, wenn man gleichwohl will, daß etwas möglich sei" (II 78). Alle Möglichkeit setzt also etwas Wirkliches voraus, und zwar eine Wirklichkeit, deren Aufhebung selbst alle innere Möglichkeit überhaupt aufheben würde, also eine absolute Wirklichkeit, ein notwendiges Wesen[1].) Dieses ist einig, einfach, unveränderlich, ewig usw.[2].)

---

[1]) Bei dieser Stelle erinnert Gerland an eine ganz ähnliche Stelle in der Naturgeschichte des Himmels (I S. 334), wo es heißt: „Also ist ein Wesen aller Wesen, ein unendlicher Verstand und selbständige Weisheit, vorhanden, daraus die Natur auch sogar ihrer Möglichkeit nach in dem ganzen Inbegriffe der Bestimmungen ihren Ursprung zieht". Die Worte „auch sogar ihrer Möglichkeit nach" sollen beweisen, daß Kant diese Gedanken — den ontologischen Beweis — schon bei der Abfassung der Naturgeschichte hegte, wenn auch noch nicht in jener durchgearbeiteten Klarheit, wie später (Gerland, Immanuel Kant, seine geographischen und anthropologischen Arbeiten S. 99).

[2]) Wie die Widerlegung des ontologischen Beweises, so ist auch der positive Gedankengang dieses neuen Beweises in der Habilitationsschrift schon enthalten, nur in mehr dogmatischer Form (Sect. II Prop. 7: „Cum possibilitas nonnisi notionum quarundam junctarum non repugnantia absolvatur adeoque possibilitatis notio collatione resultet; in omni vero collatione, quae sint conferenda, suppetant necesse sit, neque, ubi nihil omnino datur, collationi et, quae huic respondet, possibilitatis notioni locus sit: sequitur, quod nihil tanquam possibile concipi possit, nisi, quidquid est in omni possibili notione reale, exsistat, et quidem (quoniam, si ab hoc discesseris, nihil omnino possibile, h. e. nonnisi impossibile foret), existet absolute necessario. Porro omnimoda haec realitas in ente unico adunata sit necesse est..." „Si deum sustuleris, non existentiam omnem rerum solam, sed et ipsam possibilitatem internam prorsus aboleri" (I S. 395).

Die apriorische Form des Beweises scheint Kant aber doch nicht zu genügen; jedenfalls ergänzt er dieselbe durch eine aposteriorische Bestätigung. „Wenn wir auch durch eine reife Beurteilung der wesentlichen Eigenschaften der Dinge, die uns durch Erfahrung bekannt werden, selbst in den notwendigen Bestimmungen ihrer inneren Möglichkeit eine Einheit im Mannigfaltigen und Wohlgereimtheit in dem Getrennten wahrnehmen, so werden wir durch den Erkenntnisweg a posteriori auf ein einiges Prinzipium aller Möglichkeit zurückschließen können und uns zuletzt bei demselben Grundbegriffe des schlechterdings notwendigen Daseins befinden, von dem wir durch den Weg a priori anfänglich ausgegangen waren" (II S. 92). Trotzdem soll der entworfene ontologische Beweis derjenigen Schärfe fähig sein, die man in einer Demonstration fordert. Indessen wenn die Frage wäre, welcher denn überhaupt unter beiden (dem ontologischen und dem physikotheologischen, d. i. dem wahren kosmologischen) der bessere sei, so müßte man antworten: „Sobald es auf logische Genauigkeit und Vollständigkeit ankommt, so ist es der ontologische; verlangt man aber Faßlichkeit für den gemeinen richtigen Begriff, . . . so ist dem kosmologischen Beweise der Vorzug zuzugestehen" (161).

Mit der Widerlegung des alten und der Aufstellung des neuen Beweises ist der Zweck der Schrift noch nicht erfüllt. An verschiedenen Stellen weist Kant auf eine noch wenig gewürdigte Nebenabsicht hin; so schon in der Vorrede, wo er von der „Verwandtschaft" spricht, „welche die erlaubte Freiheit sich an solche Erklärungen (wie in der Kosmogonie) zu wagen mit seiner Hauptabsicht hat" (II 69), und deutlicher Seite 147/8, wo es heißt:

„Die Absicht dieser Betrachtung ist vornehmlich, um ein Beispiel von dem Verfahren zu geben, zu welchem uns unsere vorigen Beweise berechtigt haben, da man nämlich die ungegründete Besorgnis wegschafft, als wenn eine jede Erklärung einer großen Anstalt der Welt aus allgemeinen Naturgesetzen den boshaften Feinden der Religion eine Lücke öffne, in ihre Bollwerke zu dringen. Meiner Meinung nach hat die angeführte Hypothese zum mindesten Gründe genug für sich, um

Männer von ausgebreiteter Einsicht zu einer nähern Prüfung des darin vorgestellten Plans, der nur ein grober Umriß ist, einzuladen. Mein Zweck, insofern er diese Schrift betrifft, ist erfüllt, wenn man, durch das Zutrauen zu der Regelmäßigkeit und Ordnung, die aus allgemeinen Naturgesetzen fließen kann, vorbereitet, nur der natürlichen Weltweisheit ein freieres Feld öffnet und eine Erklärungsart, wie diese oder eine andere als möglich und mit der Erkenntnis eines weisen Gottes wohl zusammenstimmend anzusehen kann bewogen werden.“

Dieser Zweck stimmt mit der ganzen Tendenz des Kantischen Denkens in dieser Zeit zusammen; er wird nicht müde zu betonen, daß die Philosophie einer neuen Methode bedarf; ehe es möglich ist, diese positiv auszugestalten, gilt es, sie frei zu machen von den Banden, welche ihr Theologie und Mathematik angelegt haben. Der erste Zweck ist erreicht. Auch ist in den „Negativen Größen“ bereits angedeutet, daß die mathematische Methode der Philosophie nicht zum Vorbild dienen kann, so faszinierend auch ihr an Gewißheit und Deutlichkeit alle Wissenschaften übertreffendes Verfahren ist.

In dem „Beweisgrund“ ist dies wiederholt; auch sind hier schon die ersten positiven Vorschläge zur Besserung der philosophischen Methode gemacht: Die Philosophie habe ihre Definitionen nicht an die Spitze zu stellen,[1]) ihre Methode

---

[1]) Im Anfang der Schrift heißt es: „Man erwarte nicht, daß ich mit einer förmlichen Erklärung des Daseins den Anfang machen werde. Es wäre zu wünschen, daß man dieses niemals täte, wo es so unsicher ist, richtig erklärt zu haben, und dieses ist es öfter, als man wohl denkt. Ich werde so verfahren als einer, der die Definition sucht und sich zuvor von demjenigen versichert, was man mit Gewißheit bejahend oder verneinend von dem Gegenstande der Erklärung sagen kann, ob er gleich noch nicht ausmacht, worin der ausführlich bestimmte Begriff desselben bestehe .... Die Methodensucht, die Nachahmung des Mathematikers, der auf einer wohlgebahnten Straße sicher fortschreitet, auf dem schlüpfrigen Boden der Metaphysik hat eine Menge solcher Fehltritte veranlaßt, die man beständig vor Augen sieht, und doch ist wenig Hoffnung, daß man dadurch gewarnt und behutsamer zu sein lernen werde. Diese Methode ist es allein, kraft welcher ich einige Aufklärungen hoffe“ (II S. 71).

soll vielmehr forschend oder, wie es später treffend heißt, „zetetisch"[1]) sein.

Mit solchen Gedanken beschäftigt, konnte es Kant nur gelegen kommen, daß die preußische Akademie der Wissenschaften für das Jahr 1763 eine Preisaufgabe stellte, die seinen eigenen Tendenzen konform ging. Sie lautete: „Les vérités métaphysiques sont-elles susceptibles de la même évidence que les vérités mathématiques, et quelle est la nature de leur certitude?" Kant beantwortete sie in der:

„Untersuchung über die Deutlichkeit der Grundsätze der natürlichen Theologie und der Moral."

Es gilt also in derselben, die Methode festzustellen, nach der die höchstmögliche Gewißheit in der philosophischen Erkenntnis erlangt werden kann (Vorrede.) Damit verbindet Kant eine scharfe Formulierung seines erkenntnistheoretischen Standpunkts überhaupt. Ist erst die Methode bestimmt, so hat auch die Philosophie eine bestimmtere Gestalt zu erwarten, „sowie Newtons Methode in der Naturwissenschaft die Ungebundenheit der physischen Hypothesen in ein sicheres Verfahren nach Erfahrung und Geometrie veränderte" (Vorrede).

Daß die mathematische und die philosophische Methode verschieden sein müssen, ist, wie bereits gesagt, schon früher betont worden; jetzt gelangt der vermeintliche Hauptunterschied beider Erkenntnisarten besonders scharf zum Ausdruck: er soll in der Analysis und Synthesis bestehen.

Die Mathematik ist die synthetische Wissenschaft der Größen, d. h. sie gelangt zur Gewißheit ihrer Erkenntnisse auf dem Wege willkürlicher Verbindung; sie geht von Definitionen aus, weil sie ihre Größen selbst konstruiert[2]).

[1]) Nachricht von der Einrichtung der Vorlesungen im Winterhalbjahr 1765—1766 (II S. 307).

[2]) „Man kann zu einem jeden allgemeinen Begriffe auf zweierlei Wegen kommen, entweder durch die willkürliche Verbindung der Begriffe, oder durch Absonderung von derjenigen Erkenntnis, welche durch Zergliederung ist deutlich gemacht worden. Die Mathematik faßt niemals anders Definitionen ab als auf die erstere Art. . . Der Begriff, den ich erkläre, ist nicht vor der Definition gegeben, sondern er entspringt allererst durch dieselbe. Ein Kegel mag sonst bedeuten, was er wolle; in der Mathematik entsteht er aus der will-

Die Philosophie dagegen ist eine analytische Wissenschaft abstrakter Begriffe, welche ihr, obzwar verworren, gegeben sind und die sie nur zu verdeutlichen hat; sie gelangt zu ihren Definitionen durch Zergliederung, Vergleichung der Begriffe; die Definitionen sind ihr nicht gegeben, sie sucht dieselben, sie hat „zetetisch" zu verfahren.[1])

Nur scheinbar stellen die Philosophen bisweilen Defini-

---

kürlichen Vorstellung.... Die Erklärung entspringt hier offenbar durch die Synthesin"... „Der Mathematiker hat mit Begriffen zu tun, die öfters noch einer philosophischen Erklärung fähig sind wie z. E. mit dem Begriffe vom Raume überhaupt. Allein er nimmt einen solchen Begriff als gegeben nach seiner klaren und gemeinen Vorstellung an"... „Es ist das Geschäft der Mathematik, gegebene Begriffe von Größen, die klar und sicher sind, zu verknüpfen und zu vergleichen, um zu sehen, was hieraus gefolgert werden könne". § 1.

„Denn die Mathematik erklärt niemals durch Zergliederung einen gegebenen Begriff, sondern durch willkürliche Verbindung ein Objekt, dessen Gedanke eben dadurch zuerst möglich wird." § 3.

„In der M. fange ich mit der Erklärung meines Objektes an... ich habe eher gar keinen Begriff von meinem Gegenstande, bis die Definition ihn gibt (S. 283).

[1]) „Mit den Definitionen der Weltweisheit ist es ganz anders bewandt. Es ist hier der Begriff von einem Dinge schon gegeben, aber verworren oder nicht genugsam bestimmt. Ich muß ihn zergliedern, die abgesonderten Merkmale zusammen mit dem gegebenen Begriffe in allerlei Fällen vergleichen und diesen abstrakten Gedanken ausführlich und bestimmt machen". § 1.

„In der Metaphysik muß ich niemals mit der Erklärung meines Objekts anfangen, und es ist soweit gefehlt, daß die Definition hier das erste sei, was ich von dem Dinge erkenne, daß es vielmehr fast jederzeit das Letzte ist; in der Metaphysik habe ich einen Begriff, der mir schon gegeben worden, obzwar verworren; ich soll den deutlichen, ausführlichen und bestimmten davon aufsuchen. Wie kann ich denn davon anfangen? Hier müssen viel Handlungen der Entwicklung dunkler Ideen, der Vergleichung, Unterordnung und Einschränkung vor sich gehen, und ich getraue mir zu sagen, daß, ob man gleich viel Wahres und Scharfsinniges von der Zeit gesagt hat, dennoch die Realerklärung derselben niemals gegeben worden; denn was die Namenerklärung anlangt, so hilft sie uns wenig oder nichts... Hätte man so viele richtige Definitionen, als in den Büchern unter diesem Namen vorkommen, mit welcher Sicherheit würde man nicht schließen und Folgerungen daraus ableiten können! Allein die Erfahrung lehrt das Gegenteil" (II. S. 283/4).

tionen an die Spitze ihrer Systeme und verfahren danach synthetisch, z. B. wenn sie sich willkürlicherweise eine Substanz mit dem Vermögen der Vernunft denken und sie Geist nennen. Dergleichen Bestimmungen einer Wortbedeutung sind aber niemals philosophische Definitionen, sondern nur „grammatische" § 1.

Nach dieser Unterscheidung ist es klar, daß Philosophie und Mathematik diametral entgegengesetzte Methoden haben müssen. Natürlich; denn ihre Objekte sind nicht dieselben. Der Philosophie sind ihre abstrakten Objekte von außen gegeben; ihr Geschäft ist es, die ihr zunächst fremden Begriffe zu verdeutlichen und sich mit ihnen vertraut zu machen.

Anders bei der Mathematik; sie schafft sich ihre Objekte selbst; „sie setzet den Begriff von ihrem Körper selber fest", hieß es schon in der „neuen Kräfteschätzung" (I. S. 139); ihre Objekte sind ihr nicht durch die Sinne gegeben, sondern durch Konstruktion gemacht oder durch selbsttätige Anschauung gebildet; kein Wunder, wenn sie nach denselben Gesetzen leicht zu handhaben ist, aus denen sie hervorgegangen. Sie stellt eben keine Behauptungen über Dinge auf, die ihr in der Wirklichkeit fremd gegeben sind, sondern lediglich über Folgen aus Begriffen; und die Begriffe sind ihr nicht vor den Definitionen gegeben, sondern entspringen allererst durch dieselben. Die mathematische Synthesis bedeutet demnach: willkürliche Verbindung. Die Mathematik verdankt übrigens diese ihre produktive Tätigkeit, das ist schon hier richtig ahnend ausgesprochen, ihren „sinnlichen Erkenntnismitteln":

„Die Mathematik betrachtet in ihren Folgerungen und Beweisen ihre allgemeine Erkenntnis unter den Zeichen in concreto, die Weltweisheit aber neben den Zeichen noch immer in abstracto. Dieses macht einen namhaften Unterschied aus in der Art beider zur Gewißheit zu gelangen. Denn da die Zeichen der Mathematik sinnliche Erkenntnismittel sind, so kann man mit derselben Zuversicht, wie man dessen, was man mit Augen sieht, versichert ist, auch wissen, daß man keinen Begriff aus der Acht gelassen, daß eine jede einzelne

Vergleichung nach leichten Regeln geschehen sei usw. Wobei die Aufmerksamkeit dadurch sehr erleichtert wird, daß sie nicht die Sachen in ihrer allgemeinen Vorstellung, sondern die Zeichen in ihrer einzelnen Erkenntnis, die da sinnlich ist, zu gedenken hat" (II. S. 291).[1])

Der Philosophie also kann es nicht darum zu tun sein, die konstruktiv-synthetische Methode der Mathematik nachahmen zu wollen; ihre erste und vornehmste Regel muß vielmehr sein, nicht mit einer förmlichen Erklärung anzufangen, sondern mit dem, was man mit unmittelbarer Gewißheit von dem Gegenstande der Erklärung sagen kann. Die Schwierigkeit besteht nur darin, zu finden, wann die Analyse vollendet und der Begriff ein fertiger ist. Der Fehler der alten Metaphysik war eben, mit unfertigen, „erschlichenen" Begriffen (wie z. B. dem Begriff „Geist"[2]) zu operieren, zu früh zur Konstruktion, zur Synthese zu schreiten: „Es ist noch lange die Zeit nicht, in der Metaphysik synthetisch zu verfahren; nur wenn die Analysis uns wird zu deutlich und ausführlich verstandenen Begriffen verholfen haben, wird die Synthesis den einfachsten Erkenntnissen die zusammengesetzte, wie in der Mathematik, unterordnen können" (II 290).

Jene Begriffe sind „die unerweislichen Grundwahrheiten" (281), „die ersten Gründe unserer Erkenntnis" (283), „die ersten materialen Grundsätze der menschlichen Vernunft" (295).

Wenn die Metaphysik sich mit der analytischen Methode bescheiden wird, dann werden auch ihre Erkenntnisse nicht mehr den Meteoren gleichen, deren Glanz nichts für ihre Dauer verspricht, sondern dieselbe bis zur Überzeugung völlige Gewißheit haben, wie die Lehren der Mathematik.

Gerade im Gegenteil aber bestand die Anwendung des geometrischen Verfahrens auf die Philosophie bei Descartes und Spinoza, Leibniz[3]) und Wolff. Von willkürlichen,

---

[1]) Cf. auch II. S. 292 u. 278/9.

[2]) Die Ausführung dieses Gedankens sind „die Träume eines Geistersehers" (cf. II. 320 Anm.)

[3]) Wenn Leibniz z. B. sich eine einfache Substanz denkt, die nichts als dunkle Vorstellungen hat, und diese dann eine „schlummernde Monade" nennt, so hat er diesen Begriff nicht erklärt, sondern nur

allgemeinen Begriffen und Sätzen gingen sie aus, um auf diesem Fundament ein die gesamte Wirklichkeit umfassendes metaphysisches Gebäude zu errichten.

„Die allerabgezogensten Begriffe, darauf der Verstand natürlicherweise zuletzt hinausgeht, machen bei ihnen den Anfang, weil ihnen einmal der Plan des Mathematikers im Kopfe ist, den sie durchaus nachahmen wollen" (289.). Nicht die Methode der Mathematik, vielmehr die der Physik, die Methode eines Newton — dessen Bedeutung für die Kantische Entwicklung gar nicht hoch genug kann angeschlagen werden — kann hier vorbildlich sein: „Die echte Methode der Metaphysik ist mit derjenigen im Grunde einerlei, die Newton in die Naturwissenschaft einführte und die daselbst von so nutzbaren Folgen war."[1])

Auch Newton warf dem Cartesianismus vor, daß er die analytische Methode nur mit Geringschätzung abtue, um die Synthesis zur alleinseligmachenden zu erheben. Er selbst war dagegen der Überzeugung, daß die Methode der Analysis allein zur richtigen Erklärung der Tatsachen genüge. Die synthetische Methode solle nur zur Bestätigung der ersteren dienen, nicht aber den Ausgangspunkt bilden.

Dahin geht auch Kants Meinung in der Metaphysik: „Suchet durch sichere innere Erfahrung, d. i. ein unmittelbares augenscheinliches Bewußtsein, diejenigen Merkmale auf, die gewiß im Begriffe von irgend einer allgemeinen Beschaffenheit liegen, und ob ihr gleich das ganze Wesen der Sache nicht kennt, so könnt ihr euch doch derselben sicher bedienen, um vieles in dem Dinge daraus herzuleiten" (II. S. 286).

„Es ist noch lange die Zeit nicht, in der Metaphysik

erdacht. . . Denn derselbe war ihm nicht gegeben, sondern ist von ihm erschaffen worden (II. S. 277).

[1]) „Man soll, heißt es daselbst, durch sichere Erfahrungen, allenfalls mit Hülfe der Geometrie die Regeln aufsuchen, nach welchen gewisse Erscheinungen der Natur vorgehen. Wenn man gleich den ersten Grund davon in den Körpern nicht einsieht, so ist gleichwohl gewiß, daß sie nach diesem Gesetze wirken, und man erklärt die verwickelten Naturbegebenheiten, wenn man deutlich zeigt, wie sie unter diesen wohlerwiesenen Regeln enthalten seien" (II S. 286).

synthetisch zu verfahren; nur wenn die Analysis uns wird zu deutlich und ausführlich verstandenen Begriffen verholfen haben, wird die Synthesis den einfachsten Erkenntnissen die zusammengesetzte, wie in der Mathematik, unterordnen können" (II. S. 290).

Diese Regel zeigt, daß Kant durchaus nicht gewillt war, die Metaphysik in Erfahrungswissenschaft, etwa im Sinne des englischen Sensualismus, aufzulösen, wie ihm verschiedentlich zugemutet wird. Allerdings muß zugegeben werden, daß die ganze Abhandlung „sich nicht über die Halbheit der polemischen Distinktion hinausarbeitet" (Cohen, Die systematischen Begriffe S. 24).[1] Dennoch ist Kants Standpunkt, so unhaltbar derselbe auch an und für sich sein mag, ebenso scharf vom Wolffschen Rationalismus geschieden, d. h. einer schrankenlosen Vernunfterkenntnis, welche ein Abbild der objektiven Welt zu sein vorgibt, wie von dem jeden apriorischen Besitz der Vernunft leugnenden Empirismus: „Die Metaphysik ist nur eine auf allgemeinere Vernunfteinsichten angewandte Philosophie" (II. S. 292) oder „eine Philosophie über die ersten Gründe unseres Erkenntnisses" (II. S. 283). — Ihr Verfahren ist erst Analysis, dann Synthesis; wenn sie sich auf die Erfahrungserkenntnisse stützen soll, so heißt das nicht, daß sie konsequenter Empirismus ist. Kant hält vielmehr an der Überzeugung fest, daß es apriorische Vernunft-

[1]) Wie unzureichend z. B. die Unterscheidung zwischen Metaphysik und Mathematik bleibt, zeigt die Forderung, die Metaphysik solle analytisch verfahren, da „die philosophische Gewißheit überhaupt von anderer Natur sei als die mathematische" (II. S. 290), gegenüber einer anderen Stelle, wo es heißt: „Die Metaphysik hat keine formalen oder materialen Gründe der Gewißheit, die von anderer Art wären, als die der Meßkunst" (II. S. 295).

Oder gegenüber dem früher angeführten Zitat (II. S. 291), nach welchem man annehmen könnte, die Anschauung mache den Unterschied zwischen mathematischer und philosophischer Erkenntnisart aus, sagt eine andere Stelle nur, sie sei „größer in der Mathematik, als in der Weltweisheit" (II. S. 292); cf. auch II. S. 296: „Es ist ebensowohl eine zur Überzeugung nötige Gewißheit, deren die Metaphysik, als welcher die Mathematik fähig ist, nur die letztere ist leichter und einer größeren Anschauung teilhaftig".

einsichten gibt, und daß Apriorität das Kennzeichen absoluter Notwendigkeit ausmacht (cf. II. S. 91).

Die frühzeitige Datierung des Humeschen Einflusses, sowie die Verwandtschaft der damaligen Denkweise Kants mit der Humes haben den Gedanken nahe gelegt, daß Kant dieser Einwirkung nachgebend den erkenntnistheoretischen Standpunkt Humes angenommen habe, d. h. den Empirismus, resp. einen empiristischen Skeptizismus vertreten habe. Diese Annahme findet negativ Unterstützung durch die zahlreichen Auslassungen Kants gegen die „dogmatische Metaphysik" und positiv durch die empiristischen Untersuchungsmethoden, für welche Kant in den Schriften dieser Jahre eine augenscheinliche Vorliebe zeigt.

Wir haben diese frühzeitige Datierung des Humeschen Einflusses als unwahrscheinlich zurückgewiesen. Wenn nun der Nachweis gelingt, daß die für den Empirismus sprechenden Gründe mit dem Rationalismus nicht im Widerspruch stehen, so muß auch die obige Ansicht, daß Kant zeitweise den Empirismus vertreten habe, als unwahrscheinlich zurückgewiesen werden.

Die gegensätzliche Stellung zum Wolffschen Rationalismus braucht zunächst nicht die Geringschätzung des Rationalismus überhaupt zu bedeuten. Die Wertlosigkeit des Wolffschen Systems schließt nicht die Haltlosigkeit des Rationalismus überhaupt ein. In der Schrift: „Neuer Lehrbegriff der Bewegung und Ruhe" spricht Kant schon von der „Zwangmühle des Wolffischen Lehrgebäudes", zeigt sich selbst aber noch das Jahr darauf in seiner Betrachtung über den Optimismus völlig abhängig von der Wolffschen Schulmetaphysik.

Aber auch der empiristische Charakter der Schriften in dieser Periode braucht keinen Empirismus zu bedeuten. Der Rationalismus verträgt sich sehr wohl mit empirischer Methode. Der Rationalismus allgemein behauptet nur das Vorhandensein apriorischer Begriffe und Grundsätze, auf Grund welcher die Vernunft Aussagen von wissenschaftlichem Inhalt zu entwickeln vermag; diesen apriorischen Erkenntnissen und nur diesen soll Allgemeingiltigkeit und Notwendigkeit zukommen. Der Empirismus dagegen leugnet grundsätzlich das Vorhandensein apriorischer (formaler wie materialer) Prinzipien, alle Erkenntnis stammt nach ihm lediglich aus der Erfahrung; durch reine Vernunftschlüsse ist über Tatsachen kein Wissen zu erlangen; der Empirismus schließt also den Rationalismus aus. Aber nicht umgekehrt. Der Rationalismus gibt zu, daß eine Fülle von zufälligen Wahrheiten aus der Erfahrung stamme. Was er bestreitet, ist nur, daß sich eine allgemeingiltige und notwendige Erkenntnis empirisch verstehen lasse.

So Kant: Er läßt erstens das Vorhandensein apriorischer Begriffe und Grundsätze bestehen, zweitens behauptet er die Allgemeingiltigkeit und Notwendigkeit apriorischer Urteile und drittens stützt er seine apriorische Beweisführung durch die empirische Methode, so z. B. im Beweisgrund. Hier heißt es: „Der Beweisgrund von dem Dasein Gottes, den wir geben, ist lediglich darauf erbaut, weil etwas möglich ist. Demnach ist er ein Beweis, der vollkommen a priori geführt werden kann. Es wird weder meine Existenz noch die von anderen Geistern noch die von der körperlichen Welt vorausgesetzt. Er ist in der Tat von dem inneren Kennzeichen der absoluten Notwendigkeit hergenommen. Man erkennt auf diese Weise das Dasein dieses Wesens aus demjenigen, was wirklich die absolute Notwendigkeit desselben ausmacht, also recht genetisch“ (91)... „Wenn wir aber auch durch eine reife Beurteilung der wesentlichen Eigenschaften der Dinge, die uns durch Erfahrung bekannt werden, selbst in den notwendigen Bestimmungen ihrer inneren Möglichkeit eine Einheit im Mannigfaltigen und eine Wohlgereimtheit in dem Getrennten wahrnehmen, so werden wir durch den Erkenntnisweg a posteriori auf ein einiges Principium aller Möglichkeit zurückschließen können und uns zuletzt bei demselben Grundbegriffe des schlechterdings notwendigen Daseins befinden, von dem wir durch den Weg a priori anfänglich ausgegangen waren“ (92).

Zugegeben, daß hier ein augenscheinlicher Rationalismus vorliegt, so läßt sich einwenden, gerade daß Kant im Beweisgrund noch den Rationalismus vertritt, ist ein Beweis dafür, daß die Konzeption dieser Schrift vor den „Negativen Größen“ und der Preisschrift erfolgt ist. Nachdem Kant aber das negative Resultat des Beweisgrundes (aus dem Begriff Gottes ist das Dasein nicht zu erschließen) in den „Negativen Größen“ verallgemeinert hat, ist der Rationalismus in Frage gestellt.

Nein, was Kant in den „Negativen Größen“ in Frage stellt, ist nicht die Tatsache rationaler Erkenntnis überhaupt, sondern nur die logische Einsicht in den realen, kausalen Zusammenhang; er verneint hier weder das Gegebensein abstrakter kausaler Begriffe und Grundsätze überhaupt aus reiner Vernunft, noch deren Geltung für die reale Welt. Die Begriffe der Ursache und Wirkung gehören zu unseren „wahren Begriffen“. „In der Tat müssen alle Arten von Begriffen nur auf der inneren Tätigkeit unseres Geistes, als auf ihrem Grunde, beruhen. Äußere Dinge können wohl die Bedingung enthalten, unter welcher sie sich auf eine oder andere Art hervortun, aber nicht die Kraft sie wirklich hervorzubringen“ (Neg. Größen II. S. 199).

Auch in der Preisschrift ist dieser Standpunkt nicht verlassen. Die Metaphysik wird hier definiert als „eine auf allgemeinere Vernunfteinsichten angewandte Philosophie“ oder „eine Philosophie über die ersten Gründe unseres Erkenntnisses“ (283 u. 291). Es gibt apriorische Vernunfteinsichten, denn „es ist aus Erfahrung bekannt, daß wir durch Vernunftgründe auch außer der Mathematik bis zur Überzeugung völlig gewiß werden können“ (292), und Apriorität ist das Kennzeichen der Gewißheit in der Metaphysik, wie in jeder anderen philosophischen Erkenntnis, „wie diese denn auch nur gewiß sein kann, insofern sie den allgemeinen Gründen, die die erstere liefert, gemäß ist“ (292).[1]) Die Vernunft-

[1]) Auch an der Möglichkeit des apriorischen Beweises vom Dasein Gottes, wie ihn der einzig mögliche Beweisgrund gegeben hatte, wird hier noch festgehalten; cf. Preisschrift Abschn. IV. § 1:

„In allen Stücken, wo nicht ein Analogon der Zufälligkeit anzutreffen, kann die metaphysische Erkenntnis von Gott sehr gewiß sein“ (II. S. 297), und „die ersten Gründe der natürlichen Gottesgelahrtheit sind der größten philosophischen Evidenz fähig“ (II. S. 296).

gründe brauchen indes nicht schon in klaren und deutlichen Begriffen gegeben zu sein; die Metaphysik hat die Begriffe, die als verworren gegeben sind, zu zergliedern, ausführlich und bestimmt zu machen. Ihre Methode ist daher die analytische; denn Analysis heißt Verdeutlichung gegebener Begriffe. Zu solchen in verworrenem Zustand gegebenen Begriffen gehören auch die der Ursache und Wirkung. Es ist jedoch unvermeidlich in der Zergliederung zuletzt auf „unauflösliche Begriffe" zu kommen; deren gibt es in der Philosophie ungemein viele (280); ebenso ist die Zahl der „unerweislichen Grundsätze" eine unermeßliche (281); „allein in der Aufsuchung dieser unerweislichen Grundwahrheiten besteht das wichtigste Geschäft der höheren Philosophie" (281).

Die Schulmetaphysik hatte sich nur an die formalen Grundsätze (der Identität und des Widerspruchs) gehalten. Nicht diese, sondern die ersten materialen Grundsätze sollen die Grundlage und Festigkeit der menschlichen Vernunft ausmachen. „Sie sind der Stoff zu Erklärungen und die Data, woraus sicher kann geschlossen werden, wenn man auch keine Erklärung hat", und die unerweislichen Sätze sind es, „die die Grundlage zu Schlüssen machen" und „in der Metaphysik die ersten Data angeben, die aber eben so sicher sein können (wie die Definitionen in der Mathematik), und welche entweder den Stoff zu Erklärungen, oder den Grund sicherer Folgerungen darbieten" (II. S. 295/6).

Kants Standpunkt mag in dieser letzten der vier Schriften, in welcher er die philosophische Methode gegenüber der mathematischen scharf abzugrenzen sucht, ein unsicherer sein und mag den Ursprung der unauflöslichen Begriffe im unklaren lassen; jedenfalls genügen ihm die Erfahrungsbegriffe nicht zur Erlangung allgemeingültiger Erkenntnisse. Das zeigt sich auch auf dem Gebiete der Moral, deren Prinzipien festzustellen Kant hier noch als letzte Aufgabe der Philosophie ansieht. Wie aus den formalen Denkgesetzen für die wirkliche Erkenntnis nichts gewonnen ist, wenn nicht materiale erste Gründe gegeben sind, so fließt aus den formalen Grundgesetzen der Moral und allen Vorschriften, welche bestimmte, zufällige Zwecke im Auge haben, keine unmittelbar oberste Regel aller Verbindlichkeit, „wo nicht unerweisliche materiale Grundsätze der praktischen Erkenntnis damit verbunden sind“ (II. S. 299).

Größere Schwierigkeiten für eine rationalistische Deutung dieser Periode bietet die folgende größere Schrift: „Träume der Metaphysik“, weil hier der erkenntnistheoretische Standpunkt Kants wieder eine andere Färbung annimmt.

Zunächst hält er jedenfalls noch einige Zeit an der in der Preisschrift fixierten Methode fest. In der „Nachricht von der Einrichtung seiner Vorlesungen in dem Winterhalbjahre von 1765—1766“ betont er ausdrücklich, daß er „seit geraumer Zeit“ nach dem Entwurfe der Preisschrift gearbeitet habe,[1]) und hier sowohl wie in seinem Briefe vom 31. Dezember 1765 an Lambert scheint er gewillt, diese Methode, von der er hofft, daß sie „die so längst gewünschte große Revolution der Wissenschaften“ beschleunigen werde, weiter auszubauen.

Nachdem sich Kant mit den Metaphysikern seiner Zeit in den Schriften von 1762/3 auseinandergesetzt hat, fühlt er sich über dieselben so erhaben, daß er sie nur noch mit Ironie zu behandeln weiß.

In seinem Versuch über die Krankheiten des Kopfes z. B., in welchem er eine Klassifikation der ver-

[1]) „Ich habe in einer kurzen und eilfertig abgefaßten Schrift (Preisschrift!) zu zeigen gesucht: daß diese Wissenschaft, unerachtet der großen Bemühungen der Gelehrten um deswillen noch so unvollkommen und unsicher sei, weil man das eigentümliche Verfahren derselben verkannt hat, indem es nicht synthetisch, wie das von der Mathematik, sondern analytisch ist. Diesem zufolge ist das Einfache und Allgemeinste in der Größenlehre auch das Leichteste, in der Hauptwissenschaft aber das Schwerste, in jener muß es seiner Natur nach zuerst, in dieser zuletzt vorkommen. In jener fängt man die Doktrin mit den Definitionen an, in dieser endigt man sie mit denselben und so in anderen Stücken mehr. Ich habe seit geraumer Zeit nach diesem Entwurfe gearbeitet, und indem mir ein jeglicher Schritt auf diesem Wege die Quellen der Irrtümer und das Richtmaß des Urteils entdeckt hat, wodurch sie einzig und allein vermieden werden können, wenn es jemals möglich ist sie zu vermeiden, so hoffe ich in kurzem dasjenigen vollständig darlegen zu können, was mir zur Grundlegung meines Vortrags in der genannten Wissenschaft dienen kann“ (II. S. 308).

schiedenen Geisteskrankheiten gibt, zählt er die Philosophen zu den Phantasten, weil sie nicht dahin zu bringen seien, an der Wirklichkeit ihrer vermeintlichen Empfindungen zu zweifeln.

Das Auftreten von Emanuel Swedenborg gab ihm bald nach Abfassung dieser Schrift Gelegenheit, seinen Standpunkt über eine besondere Gattung von Kopfkranken, den Visionären, zu denen Swedenborg, der „Erzgeisterseher aller Geisterseher, der Erzphantast unter allen Phantasten" gehörte, zu präzisieren.

Wie sollte er sich einer so „schlüpfrigen Sache" gegenüber verhalten? Sollte er die Richtigkeit aller solcher Geistererscheinungen gänzlich ableugnen? Sollte er nur eine einzige dieser Erzählungen als wahrscheinlich einräumen? Wie wichtig wäre ein solches Geständnis, und welche erstaunlichen Folgen könnte man hieraus ziehen, wenn auch nur eine solche Begebenheit als bewiesen vorausgesetzt werden könnte!

Kant bekennt mit einem gewissen „Unwillen",[1]) daß er so treuherzig war, der Wahrheit einiger Erzählungen von der erwähnten Art nachzuspüren. Er fand — — — wie gemeiniglich, wo man nichts zu suchen hat — — — er fand nichts. Nun ist dieses wohl an sich selbst schon eine hinlängliche Ursache, ein Buch zu schreiben. Allein es kam noch dasjenige hinzu, was bescheidenen Verfassern schon mehrmals Bücher abgedrungen hat, die „unablässige Nachfrage"[2]) und das ungestüme Anhalten bekannter und unbekannter Freunde. Überdem war ein großes Werk gekauft und, was noch schlimmer ist, gelesen worden, und diese Mühe sollte nicht verloren sein (Vorrede). Daraus entstanden nun die: „Träume eines Geistersehers, erläutert durch Träume der Metaphysik". 1766.

An und für sich würde der Annahme, daß es Geister gibt, nichts im Wege stehen. Wir können uns deren Existenz mit Swedenborg denken, ohne in Kollision mit der Logik zu kommen. Diese Annahme bleibt aber nur ein Traum der Vernunft. Der Wert einer wissenschaftlichen Hypothese kann ihr nicht zukommen; denn solche stützt sich entweder

[1]) Cf. Brief an Mendelssohn vom 8. 4. 1766 (VIII. S. 672).
[2]) Ib. S. 673.

auf Erfahrung oder auf Schlüsse. Kann sich eine Vermutung auf keines von beiden gründen, so beruht sie auf einer Erdichtung.

Die Erfahrung bleibt hier ausgeschlossen. Wenn das Wort „Geister" einen Sinn hat, so kann es nur der von einfachen Wesen sein, welche einerseits immateriell sind, d. h. die Eigenschaft der Undurchdringlichkeit nicht an sich haben, andererseits mit Vernunft begabt sind.

Die Möglichkeit solcher immaterieller Wesen kann man wohl annehmen, ohne Besorgnis widerlegt zu werden, wiewohl auch ohne Hoffnung, diese Annahme durch Vernunftgründe beweisen zu können. Denn eine Gemeinschaft mit dieser Geisterwelt kraft unserer äußeren Sinne ist ausgeschlossen. Die einzige uns bekannte Art der Verbindung ist die, welche unter materiellen Wesen stattfindet. Der Begriff der geistigen Substanz kann daher nicht als ein von der Erfahrung abstrahierter behandelt werden, er ist uns nicht gegeben, sondern ähnlich wie die „schlummernde Monade" Leibnizens erdacht, willkürlich erschaffen; „solche Begriffe kann man erschlichene nennen" (320).

Die allgemeine Frage nach dem Gegenstand unseres Wissens (in den Schriften der Jahre 1762 und 1763) ist hier restringiert auf das Schattenreich der mystischen Erscheinungen unseres Seelenlebens. Wie die Beweise vom Dasein Gottes, so scheitert der Versuch, die Existenz von Geistern zu beweisen, an dem Kausalproblem: „Meiner Meinung nach kommt alles darauf an, die Data zu dem Problem aufzusuchen, wie ist die Seele in der Welt gegenwärtig sowohl den materiellen Naturen, als den anderen von ihrer Art"... „Weil nun keine Erfahrung hiebei zu Statten kommt"..., so fragt es sich, „ob es an sich nicht möglich sei, durch Vernunfturteil a priori diese Kräfte geistiger Substanzen auszumachen. Diese Untersuchung löst sich in eine andere auf, ob man nämlich eine primitive Kraft, d. i. ob man das erste Grundverhältnis der Ursache zur Wirkung durch Vernunftschlüsse erfinden könne und da ich gewiß bin, daß dieses unmöglich sei, so folgt, wenn mir diese Kräfte nicht in der Erfahrung gegeben sind, daß sie nur gedichtet werden können".[1])

[1]) Brief an Mendelssohn vom 8. 4. 1766 (VIII. S. 674/5).

Von der Naturwissenschaft und Philosophie also muß die Annahme der Existenz von Geistern zwar als eine mögliche, aber unbegründete Fiktion bezeichnet werden. Was von jenen beiden Wissenschaften verworfen wird, kann von der Moral trotzdem anerkannt sein. Die Unmöglichkeit eines mystischen Verkehrs mit Geistern, wie ihn Swedenborg behauptete, schließt eine Gemeinschaft mit der Geisterwelt kraft unserer moralischen Empfindung nicht aus.

Eine geheime Macht nötigt uns, unsere Absicht zugleich auf anderer Wohl oder nach fremder Willkür zu richten; der Punkt, wohin die Richtungslinien unserer Triebe zusammenlaufen, ist also nicht bloß in uns, sondern es sind noch Kräfte, die uns bewegen, in dem Wollen anderer außer uns. Aus dieser Empfindung der Zusammengehörigkeit entspringen die sittlichen Antriebe. „Dadurch sehen wir uns in den geheimsten Beweggründen abhängig von der Regel des allgemeinen Willens, und es entspringt daraus in der Welt aller denkenden Naturen eine moralische Einheit und systematische Verfassung nach bloß geistigen Gesetzen" (335). Sie mag wohl auf einem ähnlichen Gesetz beruhen, wie demjenigen, welches die Körper der Natur vereinigt, nämlich der Gravitation oder dem Bestreben aller Materie, sich einander zu nähern. „Sollte es nicht möglich sein, die Erscheinung der sittlichen Antriebe in den denkenden Naturen, wie solche sich auf einander wechselseitig beziehen, gleichfalls als die Folge einer wahrhaftig tätigen Kraft, dadurch geistige Naturen in einander einfließen, vorzustellen, so daß das sittliche Gefühl diese empfundene Abhängigkeit des Privatwillens vom allgemeinen Willen wäre und eine Folge der natürlichen und allgemeinen Wechselwirkung, dadurch die immaterielle Welt ihre sittliche Einheit erlangt, indem sie sich nach den Gesetzen dieses ihr eigenen Zusammenhanges zu einem System von geistiger Vollkommenheit bildet?" (II. S. 335 Th. I. Hpst. II.)

Sollten danach die Erzählungen Swedenborgs auf Lug und Trug angelegt sein? Diese Frage führt Kant zur Zergliederung des Visionsphänomens überhaupt. Zunächst handelt es sich nur darum, wie Visionen zustande kommen, wie es zugehe, daß Geisterseher „das Blendwerk ihrer Einbildung außer sich versetzen“. Das kann auf zweierlei Art geschehen, einmal durch die Einwirkung abgeschiedener Seelen und reiner Geister auf den menschlichen Geist, der mit ihnen zu einer großen Republik gehört, „so daß die Vorstellungen, welche sie in ihm erwecken, sich nach dem Gesetze seiner Phantasie in verwandte Bilder einkleiden und die Apparenz der ihnen gemäßen Gegenstände als außer ihm erregen“ (II 341). Doch solange die Geister unseren äußeren Sinnen nicht gegenwärtig sein können, scheint diese Erklärung eine gewagte zu sein. Verständlicher ist die Zurückführung des Phänomens auf „eine zusammenhängende Täuschung der Sinne überhaupt“ (360), einen „Traum der Empfindung“. „Die gemeine Geistererzählungen laufen so sehr auf dergleichen Bestimmungen hinaus, daß sie den Verdacht ungemein rechtfertigen, sie könnten wohl aus einer solchen Quelle entsprungen sein“ (347). Damit ist für Kant der philosophische Lehrbegriff vom geistigen Wesen beendet: „Nunmehr lege ich die ganze Materie von Geistern, ein weitläufig Stück der Metaphysik, als abgemacht und vollendet bei Seite. Sie geht mich künftig nichts mehr an“ (352).

Kant hatte aber noch einen anderen Zweck vor Augen, der ihm wichtiger erschien, als der, welchen er vorgab. Die auffallende Ähnlichkeit zwischen den Visionären und Metaphysikern, welche beide so vertieft und fleißig ihre Gläser nach jenen entlegenen Gegenden richten und Wunderdinge von daher zu erzählen wissen, forderte geradezu zu einer Parallele heraus. Die gegensätzliche Stellung zur Wolffschen Metaphysik, welche durch die Parallelstellung zur Phantasterei des Spiritismus hier besonders scharf zum Ausdruck kommt, hat zu der Meinung Anlaß gegeben, Kant habe der rationalen Metaphysik überhaupt seinen Absagebrief geschrieben und vertrete hier den Empirismus oder Skeptizismus Humes, der bekanntlich die Bücher der Metaphysik, soweit sie nicht auf Erfahrung sich stützende Untersuchungen über Tatsachen und Dasein enthalten, ins Feuer geworfen wissen wollte, weil sie nichts als Spitzfindigkeit und Blendwerk geben.

Kant hat sich deshalb schon seinen Zeitgenossen gegenüber veranlaßt gesehen, gegen diesen Vorwurf Protest einzulegen:

„Ich bin so weit entfernt, die Metaphysik selbst, objektiv erwogen, für gering oder entbehrlich zu halten, daß ich vornehmlich seit einiger Zeit, nachdem ich glaube, ihre Natur und die ihr unter den menschlichen Erkenntnissen eigentümliche Stelle einzusehen, überzeugt bin, daß sogar das wahre und dauerhafte Wohl des menschlichen Geschlechts auf ihr ankomme" (Brief an Mendelssohn v. 8. April 1766).

Daß die empiristischen Theorien Kant nicht befriedigen konnten, war übrigens schon aus den „Träumen" selbst zu entnehmen; denn auf was anderes sollte die Stelle deuten, wo er die Schwäche der aposteriorischen Erfahrung schildert und den Empirismus mit Geringschätzung und Ironie abtut? „Man muß wissen, daß alle Erkenntnis zwei Enden habe, bei denen man sie fassen kann, das eine a priori, das andere a posteriori. Zwar haben verschiedene Naturlehrer neuerer Zeit vorgegeben, man müsse es bei dem letzteren anfangen, und glauben den Aal der Wissenschaft beim Schwanze zu erwischen, indem sie sich gnugsamer Erfahrungskenntnisse versichern und dann so allmählich zu allgemeinen und höheren Begriffen hinaufrücken. Allein ob dies zwar nicht unklug gehandelt sein möchte: so ist es doch bei weitem nicht gelehrt und philosophisch gnug, denn man ist auf diese Art bald auf einem Warum, worauf keine Antwort gegeben werden kann, welches einem Philosophen gerade so viel Ehre macht als einem Kaufmann, der bei einer Wechselzahlung freundlich bittet, ein andermal wieder anzusprechen" (II 358).

Es soll auch nicht bloß ein Scherz sein, wenn Kant von der Metaphysik sagt, daß er das Schicksal habe, in dieselbe verliebt zu sein; man kann eben gewissen Fragen nicht entsagen, weil man ihnen gegenüber nicht gleichgiltig sein kann.

Ist danach der erkenntnistheoretische Standpunkt der „Träume" derselbe geblieben wie in den Schriften der Jahre 1762/3? Zunächst ja.

Gegen den reinen Empirismus und gegen den dogmatischen Rationalismus der Schulmetaphysik spricht er sich ironisch aus: der Empirismus liefert keine allgemeingiltigen Erkenntnisse, liefert überhaupt kein Wissen; die synthetische Kombination willkürlich konstruierter Begriffe ist leere Phantasterei. Die

Mathematik kann synthetisch verfahren, weil sie von wenigen, einfachsten Begriffen ausgeht. Die Philosophie aber geht von den kompliziertesten Begriffen aus; will sie eine ähnliche Deutlichkeit ihrer Grundsätze erreichen wie die Mathematik, so muß sie die ihr gegebenen Begriffe analysieren und auf Behandlung selbst erschaffener, „erschlichener" Begriffe verzichten. „Ist man aber endlich zu den Grundverhältnissen gelangt, so hat das Geschäfte der Philosophie ein Ende, und wie etwas könne eine Ursache sein oder eine Kraft haben, ist unmöglich jemals durch Vernunft einzusehen, sondern diese Verhältnisse müssen lediglich aus der Erfahrung genommen werden" (II 370). Also ist die Metaphysik doch wieder ganz auf die Methode der Erfahrung angewiesen? Doch nicht: Was Kant in diesem und ähnlichen Sätzen[1]) behauptet, ist nichts Andres, als was auch die „Negativen Größen" festgestellt haben, nämlich, daß sich die Tatsache der Folge nicht durch reine Vernunft einsehen lasse, sondern im speziellen Fall der Erfahrung zu entnehmen sei. Diese Erfahrung kann man „wohl erkennen, aber nicht einsehen", heißt es gleich nach der angezogenen Stelle. Damit ist aber keineswegs das Gegebensein abstrakter, kausaler Begriffe und Grundsätze, des Kausalitätsgesetzes selbst geleugnet, keineswegs auch deren Geltung für die reale Welt bestritten (Heymans, Einige Bemerkungen über die sog. empiristische Periode Kants, Archiv Band II, S. 581.)

Von der Notwendigkeit einer Reform der Philosophie seit langem überzeugt, suchte Kant die Quelle ihres Irrtums in der Art ihres Verfahrens und fand dieselbe in der synthetischen Konstruktion aus willkürlichen Begriffen.

An diesem negativen Ergebnis hält Kant in den „Träumen" fest; die positive Ausgestaltung der von ihm als richtig erkannten analytischen Methode ist indes noch nicht weiter gediehen. In der Nachricht von der Einrichtung seiner Vor-

---

[1]) Cf. Brief an Mendelssohn v. 8. 4. 1766: „Da ich gewiß bin, daß man das erste Grundverhältnis der Ursache zur Wirkung durch Vernunftschlüsse unmöglich erfinden könne, so folgt, wenn mir diese Kräfte nicht in der Erfahrung gegeben sind, daß sie nur gedichtet werden können" (VIII S. 675).

lesungen in dem Winterhalbjahr von 1765—1766 gibt er der Hoffnung Ausdruck, in kurzem das vollständig darlegen zu können, was der kurze und eilfertig abgefaßte Entwurf der Preisschrift nur flüchtig angedeutet habe. Im Winter 1765/6 muß er Lambert gegenüber, mit dessen Methode er die seine in glücklicher Übereinstimmung findet, gestehen, die geplante Schrift über die eigentümliche Methode der Metaphysik zur nächsten Ostermesse noch nicht fertigstellen zu können, weil er merkte, daß es ihm an Beispielen der Verkehrtheit im Urteilen gar nicht fehlte, um seine Sätze von dem unrichtigen Verfahren zu illustrieren, daß es aber gar sehr an solchen mangele, daran er in concreto das eigentümliche Verfahren zeigen könne (cf. Brief an Lambert v. 31. XII. 1765). Darüber war er mit Lambert einig, daß „unauflösliche“, d. h. ursprünglich gültige Begriffe zur Verbesserung der Methode erforderlich seien. Die Erfahrung habe wohl auch dabei mitzusprechen, genüge aber allein nicht. Die synthetische Konstruktion der Metaphysik auf Grund deutlich und ausführlich verstandener Begriffe liegt noch in weiter Ferne; die Hoffnung, seine Untersuchungen über die neue Methode der Philosophie zum gewünschten Abschluß bringen zu können und durch sorgfältige Analyse dereinst eine konstruktive Erkenntnis zu ermöglichen, gibt Kant jedoch nicht auf; aber während er sich um die methodologischen Fragen der Philosophie abmüht, konstruiert die dogmatische Philosophie ihre Luftgebäude ruhig weiter, unbekümmert um alle kritischen Bedenken. Dieser gilt es also, „das dogmatische Kleid abzuziehen und die vorgegebenen Einsichten skeptisch zu behandeln, wovon der Nutzen freilich nur negativ ist (stultitia caruisse), aber zum positiven vorbereitet; denn die Einfalt eines gesunden, aber ununterwiesenen Verstandes bedarf, um zur Einsicht zu gelangen, nur ein Organon, die Scheineinsicht aber eines verderbten Kopfs zuerst ein Kathartikon“ (VIII 674).

Nicht gegen die Metaphysik überhaupt also richten sich Kants Angriffe, sondern nur gegen die dogmatische Schulphilosophie. Dieses skeptische Verhalten gegen den dogmatischen Rationalismus ist es, was ihm als Humescher Skeptizismus ausgelegt wurde, d. h. als Zweifel an der Möglichkeit einer Metaphysik überhaupt. Aber Kant will die Metaphysik nicht vernichten, er will sie nur reformieren. Zur positiven Ausgestaltung seiner eigenen Lehre fehlt es ihm jedoch noch an allem Möglichen. Die Methode ist noch immer ungewiß und will nicht weiter gedeihen. Seine bisherigen Untersuchungen haben nur wenig positive Resultate gezeitigt.

Dazu kommt noch ein anderer Umstand, der es erklärlich macht, warum Kants philosophische Überzeugung in dieser Zeit ein gewisses negatives Gepräge trägt. Noch in der Preisschrift erwartete und verlangte Kant von der Philosophie die wissenschaftliche Begründung der religiösen und moralischen Überzeugung. Mit Hilfe der „unauflöslichen Begriffe" sollten sich die Grundsätze der natürlichen Theologie und Moral in wissenschaftlicher Weise feststellen lassen. Jetzt ist er zu der Überzeugung gekommen — auf welchem Wege, tut nichts zur Sache —, daß die Metaphysik zur Begründung der Moralität und der Religion gar nicht nötig ist.[1]) Nach dieser Trennung der Moral von der Philosophie mußten Kant seine eigenen metaphysischen Spekulationen noch wertloser erscheinen. Die Metaphysik, welcher die theoretische Begründung von Moral und Religion versagt ist, wird zur

---

[1]) „Einem jeden Vorwitze nachzuhängen und der Erkenntnissucht keine andere Grenzen zu verstatten als das Unvermögen, ist ein Eifer, welcher der Gelehrsamkeit nicht übel ansteht. Allein unter unzähligen Aufgaben, die sich selbst darbieten, diejenige auswählen, deren Auflösung dem Menschen angelegen ist, ist das Verdienst der Weisheit. Wenn die Wissenschaft ihren Kreis durchlaufen hat, so gelangt sie natürlicherweise zu dem Punkte eines bescheidenen Mißtrauens und sagt, unwillig über sich selbst: wie viel Dinge gibt es doch, die ich nicht einsehe! Aber die durch Erfahrung gereifte Vernunft, welche zur Weisheit wird, spricht in dem Munde des Sokrates mitten unter den Waren eines Jahrmarkts mit heiterer Seele: Wieviel Dinge gibt es doch, die ich alle nicht brauche! . . . Die Eitelkeit der Wissenschaft entschuldigt gerne ihre Beschäftigung mit dem Vorwande der Wichtigkeit, und so gibt man auch hier gemeiniglich vor, daß die Vernunfteinsicht von der geistigen Natur der Seele zu der Überzeugung von dem Dasein nach dem Tode, diese aber zum Bewegungsgrunde eines tugendhaften Lebens sehr nötig sei. Allein die wahre Weisheit ist die Begleiterin der Einfalt, und da bei ihr das Herz dem Verstande die Vorschrift gibt, so macht sie gemeiniglich die großen Zurüstungen der Gelehrsamkeit entbehrlich, und ihre Zwecke bedürfen

Wissenschaft von den Grenzen der menschlichen Erkenntnis[1]) und erreicht dadurch einen Vorteil, welcher der Natur des menschlichen Verstandes mehr angemessen ist, als wenn sie verborgenen Eigenschaften der Dinge durch Vernunft nachspäht.

Nicht Empirismus oder Skeptizismus wird hier proklamiert, Kants Rationalismus wird vielmehr nach einer anderen Seite hin modifiziert, und man könnte in dieser Modifikation ein Vorahnen des kritischen Standpunktes erblicken, mit dessen Schwerpunkt die hier entwickelte Aufgabe der menschlichen Vernunft zusammenfällt: „Die Fragen von der geistigen Natur, von der Freiheit und Vorherbestimmung, dem künftigen Zustande u. d. g. bringen anfänglich alle Kräfte des Verstandes in Bewegung und ziehen den Menschen durch ihre Vortrefflichkeit in den Wetteifer der Spekulation, welche ohne Unterschied klügelt und entscheidet, lehrt oder widerlegt, wie es die Scheineinsicht jedesmal mit sich bringt. Wenn diese Nachforschung aber in Philosophie ausschlägt, die über ihr eigen Verfahren urteilt, und die nicht die Gegenstände allein, sondern deren Verhältnis zu dem Verstande des Menschen kennt, so ziehen sich die Grenzen enger zusammen, und die Marksteine werden gelegt, welche die Nachforschung aus ihrem eigentümlichen Bezirke niemals mehr ausschweifen lassen“ (II S. 369/70).

Philosophie ist Wissenschaft von den Grenzen der menschlichen Erkenntnis, dieses Resultat tritt neben

---

nicht solcher Mittel, die nimmermehr in aller Menschen Gewalt sein können. Wie? ist es denn nur darum gut tugendhaft zu sein, weil es eine andere Welt gibt, oder werden die Handlungen nicht vielmehr dereinst belohnt werden, weil sie an sich selbst gut und tugendhaft waren? Enthält das Herz des Menschen nicht unmittelbare sittliche Vorschriften, und muß man, um ihn allhier seiner Bestimmung gemäß zu bewegen, durchaus die Maschinen an eine andere Welt ansetzen? Kann derjenige wohl redlich, kann er wohl tugendhaft heißen, welcher sich gern seinen Lieblingslastern ergeben würde, wenn ihn nur keine künftige Strafe schreckte?“ (II S. 368 ff).

[1]) Damit erhält der Begriff Metaphysik bei Kant einen neuen Inhalt; diese Wissenschaft würden wir heute mit „Erkenntnistheorie“ bezeichnen.

das frühere, daß ihre Methode die analytische ist im Gegensatz zur synthetischen Konstruktion der Mathematik, deren Verfahren die Philosophie nachgeahmt hatte, solange sie eine Erkenntnis der Dinge sein wollte.

Die Mathematik dagegen darf und soll synthetisch verfahren, denn ihre Objekte sind ihr nicht, wie der Philosophie die Begriffe, gegeben, sondern durch selbsttätige Anschauung gebildet, und diese ihre produktive Tätigkeit verdankt die Mathematik, das hatte schon die Preisschrift richtig ahnend ausgesprochen, ihren sinnlichen Erkenntnismitteln. Die Objekte der Mathematik sind danach anschauliche Größen; der Raum selbst aber galt 1763 noch als metaphysischer Begriff und gehörte insbesondere zu jenen Grundbegriffen, welche „beinahe gar nicht aufgelöst werden können".

Hier liegt eine Schwierigkeit, die der Lösung harrt. Kant nimmt die Frage nach dem Wesen des Raumes wieder auf in seiner letzten vorkritischen Abhandlung, einem von den übrigen Schriften scheinbar unabhängigem und isoliert dastehendem kleinen Werk, dessen Bedeutung und inniger Zusammenhang mit den grundlegenden Gedanken des Kritizismus meist zu wenig gewürdigt worden ist:

„Von dem ersten Grunde des Unterschiedes der Gegenden im Raume" 1768.

Mit der Vertiefung in das Raumproblem hatte das philosophische Denken Kants überhaupt begonnen; die Fragen nach dem Wesen des Raumes und seinem Verhältnis zur Materie beschäftigten ihn seitdem unablässig. Es existiert kaum eine Schrift in der Zwischenzeit, in welcher dieses Problem nicht anklingt.[1]) Die Definition des Raumes als Produkt der Materie in der „Neuen Schätzung der lebendigen Kräfte" bot ungeahnte Schwierigkeiten, welche der Lösung harrten. Der „neue Lehrbegriff der Bewegung und Ruhe" kennt nur relative Lagen, wie relative Bewegung und Ruhe; die Konsequenz, daß alle Bewegung zuletzt im absoluten Raum gedacht werden muß, ist hier noch nicht gezogen.

Wenn Kant hier die Bewegung definiert als Ortsver-

---

[1]) Cf. II S. 71, 81, 93, 168, 280, 281, 287.

änderung, so denkt er sich die Lage eines Dinges nur in Beziehung zu seiner Umgebung, nicht absolut. Derselbe Körper aber, welcher von gewissen äußeren Gegenständen aus betrachtet, die ihn zunächst umgeben, ruht, d. h. diese Beziehung nicht ändert, kann aus einer Sphäre von weiterem Umfang gesehen, zusamt seinen nahen Gegenständen seine Stellung in Ansehung jener ändern, also in Bewegung sein. Da es frei steht, den Gesichtspunkt beliebig zu erweitern, so kann das Urteil von der Bewegung und Ruhe dieses Körpers niemals beständig sein, d. h. man soll es niemals in absolutem Verstande gebrauchen, sondern respektive. Bewegung und Ruhe sind also relativ.

In der Schrift von 1768, welche das Ergebnis der vielfachen Beschäftigung mit dieser Frage nach dem Wesen des Raumes bringt, fragt Kant allgemein, wie es möglich ist, die räumliche Lage zu bestimmen, unabhängig von dem Verhältnis der Körper zueinander, und kommt zu dem Schluß, daß wir dies nur vermögen durch ein angeborenes Raumgefühl, durch die Vorstellung eines absoluten Raumes.

Der Zweck der Abhandlung ist also: zu versuchen, ob nicht in den anschauenden Urteilen der Ausdehnung, dergleichen die Meßkunst enthält, ein evidenter Beweis zu finden sei, daß der absolute Raum unabhängig von dem Dasein aller Materie und selbst als der erste Grund der Möglichkeit ihrer Zusammensetzung eine eigene Realität habe.

Der Gegensatz zur Definition von 1747 springt in die Augen; dort hieß es: Es würde kein Raum und keine Ausdehnung sein, wenn die Substanzen keine Kraft hätten, außer sich zu wirken. Denn ohne diese Kraft ist keine Verbindung, ohne diese keine Ordnung und ohne diese endlich kein Raum. Hier schließt er, daß nicht die Bestimmungen des Raumes Folgen von den Lagen der Teile der Materie gegeneinander, sondern diese Folgen von jenen sind, und daß also in der Beschaffenheit der Körper Unterschiede angetroffen werden können und zwar wahre Unterschiede, die sich lediglich auf den absoluten und ursprünglichen Raum beziehen, weil nur durch ihn das Verhältnis körperlicher Dinge möglich ist;

und daß, weil der absolute Raum kein Gegenstand einer äußern Empfindung, sondern ein Grundbegriff ist, der alle dieselben zuerst möglich macht, wir dasjenige, was in der Gestalt eines Körpers lediglich die Beziehung auf den reinen Raum angeht, nur durch die Gegenhaltung mit andern Körpern vernehmen können (cf. S. 383).

Hier wie dort soll der Raum Realität haben, aber in ganz entgegengesetztem Verhältnis zur Kraft der Materie. Wenn hier auch der Raum etwas Objektives ist, so liegt jetzt doch der Ton auf seiner Unabhängigkeit von aller Materie, seinem Primat als erstem Grund aller Möglichkeit ihrer Zusammensetzung, im Gegensatz zum abhängigen, sekundären Raum, dem Produkt der Körper in der ersten Schrift.

Um die Lagen objektiver Dinge im Raum erkennen zu können, müssen wir einen absoluten Weltenraum voraussetzen als die Einheit aller möglichen Lagen.[1])

Dieser absolute Raum muß durchaus unabhängig von dem Dasein aller Materie bestehen; er entspringt nicht etwa aus der „Abstraktion von dem Verhältnis wirklicher Dinge", ebensowenig besteht er „nur in dem äußeren Verhältnisse der neben einander befindlichen Teile der Materie", er ist vielmehr selbst der erste Grund der Möglichkeit ihrer Zusammensetzung.

Wie soll man sich aber nun den Begriff des absoluten Raumes vorstellen? Ist er ein Gegenstand der äußeren Empfin-

---

[1]) „Denn die Lagen der Teile des Raumes in Beziehung auf einander setzen die Gegend voraus, nach welcher sie in solchem Verhältnis geordnet sind, und im abgezogensten Verstande besteht die Gegend nicht in der Beziehung eines Dinges im Raume auf das andere, welches eigentlich der Begriff der Lage ist, sondern in dem Verhältnisse des Systems dieser Lagen zu dem absoluten Weltraume. Bei allem Ausgedehnten ist die Lage seiner Teile gegeneinander aus ihm selbst hinreichend zu erkennen, die Gegend aber, wohin diese Ordnung der Teile gerichtet ist, bezieht sich auf den Raum außer demselben und zwar nicht auf dessen Örter, weil dieses nichts Anderes sein würde, als die Lage eben derselben Teile in einem äußeren Verhältnis, sondern auf den allgemeinen Raum als eine Einheit, wovon jede Ausdehnung wie ein Teil angesehen werden muß" (II 377/8).

dung? Nein, denn unmittelbar kann die Beziehung einer körperlichen Gestalt gegen den allgemeinen, absoluten Raum nicht wahrgenommen werden; die einzelnen Raumgegenden, das Rechts und Links, das Oben und Unten sind nicht zu unterscheiden, und die allergenaueste Kenntnis der Lage der Örter hilft zu gar nichts, „wenn wir die so geordnete Dinge und das ganze System der wechselseitigen Lagen nicht durch die Beziehung auf die Seiten unseres Körpers nach den Gegenden stellen können" (II S. 379/80).

Wenn also der erste Unterschied der Gegenden im Raum nicht in dem Verhältnis der Dinge zueinander liegt, sondern in deren Beziehung auf uns selbst, in unserer inneren Empfindung, in einem ursprünglichen „Raumgefühl", so ist der Raum gar kein Begriff, sondern Anschauung? Ja. Doch wohlgemerkt! als Grundanschauung bleibt er objektive Vorstellung, reale Grundanschauung, (inneres) Anschauungsobjekt, und behält als solches seine Realität, „welche dem inneren Sinne anschauend genug ist" (383). Man hüte sich ja, ihn für „ein bloßes Gedankending" anzusehen, sonst sinkt er — fürchtet Kant — zum bloßen, selbstgemachten Hirngespinst hinab.[1])

[1]) Cf. dagegen III S. 152.

III.

Der Raum ist reale Grundanschauung, ist das Ergebnis der kleinen Schrift von 1768. Sie stimmt also mit dem unreifen Jugendwerk Kants insofern überein, als beide dem Raum Realität zuschreiben. In diesem Punkt denkt Kant also noch 1768 dogmatisch; nicht daß er die Möglichkeit übersehen hätte, den Raum zur „bloßen" Anschauung zu machen; er scheute sich nur, diese Konsequenz zu ziehen. Denn der Gedanke barg in sich Folgen von enormer Tragweite. Es kann uns also nicht Wunder nehmen, daß Zeitgenossen Kants nach 1770, wo sie seine Inauguraldissertation gelesen hatten, den Gedanken von der Idealität des Raumes nicht fassen konnten.[1])

Und doch war der Standpunkt von 1768 in doppelter Hinsicht ein unhaltbarer: den einen entscheidenden Punkt hat Kuno Fischer ohne Zweifel zuerst und am treffendsten dargestellt; er liegt in Kants Auffassung von der Mathematik als einer zugleich sinnlichen und apriorischen Erkenntnis. In der Preisschrift bezeichnet Kant als Objekte der Mathematik im Gegensatz zu den Begriffen der Philosophie die anschaulich konstruierbaren Größen.

Wenn die Größen der Mathematik anschaulich sind, so muß auch der Raum den Charakter der Anschauung annehmen

[1]) So schreibt Lambert nach Empfang der Inauguraldissertation (Brief vom Dezember 1770): „Bisher habe ich der Zeit und dem Raume noch nie alle Realität absprechen, noch sie zu bloßen Bildern und Schein machen können. Ich denke, daß jede Veränderung auch bloßer Schein sein müßte"; und ähnlich Mendelssohn (Brief vom 23. Dezember 1770): „Daß die Zeit bloß Subjektives sein sollte, kann ich mich aus mehreren Ursachen nicht bereden".

Auch der wackere Pastor Schultz, welchen Kant für den besten philosophischen Kopf seiner Gegend erklärte, läßt seiner Beurteilung die mißverstandene Deutung unterlaufen, daß der „Raum wohl vielleicht, statt die reine Form der sinnlichen Erscheinung zu sein, ein wahres intellektuelles Anschauen und also etwas Objektives sein möge". (Brief von Kant an Marcus Herz vom 21. Februar 1772.)

und kann nicht mehr als logischer Begriff gelten.[1]) Diese Konsequenz zieht die Schrift von dem ersten Grund des Unterschieds der Gegenden im Raum. Aus den Schriften zu Anfang der 60er Jahre geht aber ferner hervor, daß Kants Ansichten vom Wesen des Raumes schon so weit ausgebildet waren, daß ihm die Einheit und Ursprünglichkeit des Raumes feststand.[2]) Danach ist der Raum jetzt Grundanschauung. Kant schreibt ihm aber ausdrücklich eine „eigene Realität" zu, die unabhängig von dem Dasein aller Materie den ersten Grund der Möglichkeit ihrer Zusammensetzung ausmacht.[3]) Wenn aber der Raum Anschauungsobjekt ist, dann wird alle sinnliche Erkenntnis zur Erfahrungswissenschaft und damit die Apriorität der Mathematik zweifelhaft. Diese aber stand Kant über allen Zweifel erhaben fest. Wenn eine Wissenschaft auf Allgemeingiltigkeit und Notwendigkeit Anspruch machen konnte, so war es — das war für einen Schüler Newtons selbstverständlich — die Mathematik. Nun war aber die Apriorität derselben in Frage gestellt durch die Raumbestimmung von 1768: Wenn der Raum Anschauungsobjekt ist, so ist seine Erkenntnis und damit die Geometrie empirischen Ursprungs. Ein empirisches Urteil aber kann nie a priori sein, denn es entstammt der Wahrnehmung, nicht der bloßen Vernunft und ist deshalb ein „Datum a posteriori". Die Mathematik kann also ihre Apriorität nur bewahren, wenn der Raum zur „bloßen" Anschauung wird.

„Die mathematischen Urteile sind synthetisch, aber n i c h t

---

[1]) Cf. Principia Sect. III. § 15. C. (II. S. 402/3).

[2]) Cf. II. S. 115 (Beweisgrund I. Abtg. 1 Betr.). Ferner Preisschrift, I. Betr. § 3: „Ehe ich noch mich anschicke zu erklären, was der Raum sei, so sehe ich deutlich ein, daß, da mir dieser Begriff g e g e b e n ist, ich zuförderst durch Zergliederung diejenigen Merkmale, welche zuerst und unmittelbar hierin gedacht werden, aufsuchen müsse. Ich bemerke demnach, daß darin vieles außerhalb einander sei, daß dieses Viele nicht Substanzen seien, denn ich will nicht die Dinge im Raume, sondern d e n R a u m s e l b e r e r k e n n e n, daß der R a u m n u r d r e i A b m e s s u n g e n h a b e n k ö n n e usw. Dergleichen Sätze lassen sich wohl erläutern, indem man sie in concreto betrachtet, um sie a n s c h a u e n d z u e r k e n n e n; allein sie lassen sich niemals beweisen." (II. S. 281.)

[3]) „Von dem ersten Grunde des Unterschiedes der Gegenden im Raume" (II. S. 378).

empirisch, was sie sein müßten, wenn es sich mit dem Raum so verhielte, wie Kant im Jahre 1768 gelehrt hatte. Diese Urteile sind nur dann synthetisch, wenn der Raum Anschauung ist; sie sind nur dann a priori oder allgemein gültig, wenn der Raum nicht Anschauungsobjekt ist, sondern bloße oder reine Anschauung. Nun steht am Schlusse der vorkritischen Periode die Sache so: Daß der Grund, welcher die mathematischen Urteile synthetisch macht, zugleich droht, sie in empirische Urteile zu verwandeln. Nehmen wir der Mathematik den synthetischen Charakter, so sind ihre Objekte nicht mehr konstruktiv; nehmen wir ihr den Charakter reiner Vernunfterkenntnis, so sind ihre Urteile nicht mehr allgemeingültig: in beiden Fällen ist die Tatsache der reinen Mathematik unerklärt und unerklärlich. Diese Tatsache zu begründen, mußte Kant seine Lehre vom Raum ändern, er mußte denselben nicht mehr für ein gegebenes Anschauungsobjekt, sondern für eine reine Vernunftanschauung erklären: nicht für den Gegenstand, sondern für die bloße Form unserer Anschauung. Diese Einsicht gewann er im Jahre 1769." (Kuno Fischer: „Kant", I. S. 345.)

Nach Kuno Fischer war also die Notwendigkeit, die mathematischen Urteile zugleich als synthetische und apriorische zu begreifen, das primum movens der ganzen neuen Entwicklung. Dafür spricht 1.), daß das mathematische Problem seit den Schriften der sechziger Jahre im Vordergrund seines Denkens stand, und 2.), daß die letzte Schrift kurz vor der Inauguraldissertation eben das Problem behandelte (Raumproblem), welches Kants Ansicht von der Mathematik wankend machte. Kant rettete den synthetisch—apriorischen Charakter der Mathematik dadurch, daß er Raum und Zeit zu subjektiven Formen machte.

Doch diese Entscheidung ergab sich auch andererseits als notwendige Konsequenz, die das Resultat von 1768 selbst in sich barg.

Der Raum ist Anschauung und nicht Begriff, und unterscheidet sich von anderen Anschauungen dadurch, daß er nicht beliebig, sondern ursprünglich mit unserm Empfinden (Raumgefühl) verknüpft ist:

„Da das verschiedene Gefühl der rechten und linken Seite zum Urteil der Gegenden von so großer Notwendigkeit ist, so hat die Natur es zugleich an die mechanische Einrichtung des menschlichen Körpers geknüpft" (II. S. 380).

Was kann uns aber der Raum bedeuten, wenn wir von dieser subjektiven Bedingung abgehen? In der „Kritik der reinen Vernunft" ist es deutlich ausgesprochen: „Wir können nur aus dem Standpunkte eines Menschen vom Raum, von ausgedehnten Wesen usw. reden. Gehen wir von der subjektiven Bedingung ab, unter welcher wir allein äußere Anschauung bekommen können, so wie wir nämlich von den Gegenständen affiziert werden mögen, so bedeutet die Vorstellung vom Raume gar nichts" (III. S. 62).

Eine klare Antwort gibt auch der Brief an Marcus Herz vom 21. Februar 1772: „Der Raum ist eben darum für nicht objektiv, und also auch nicht intellektual ausgegeben worden, weil, wenn wir seine Vorstellung ganz zergliedern, wir darin weder eine Vorstellung der Dinge, (als die nur im Raume sein können), noch eine wirkliche Verknüpfung, (die ohne Dinge ohnedem nicht stattfinden kann), nämlich keine Wirkung, kein Verhältnis der Gründe gedenken, mithin gar keine Vorstellung von einer Sache oder etwas Wirklichem haben, was den Dingen inhäriere" (VIII. S. 692).

Denken wir uns also die Wesen, an deren Empfinden die Raumanschauung geknüpft ist, weg, so können wir uns auch den Raum nicht mehr als existierend vorstellen. Nun können wir uns aber niemals eine Vorstellung machen, daß kein Raum sei, wenn wir uns auch alle darin enthaltenen Gegenstände wegdenken. Der Raum ist somit keine Bestimmung, die an den Gegenständen selbst haftet — auch absolute Bestimmungen können nicht a priori angeschaut werden —, sondern die subjektive Bedingung der Sinnlichkeit, unter der allein äußere Anschauung möglich ist, oder ursprüngliche reine Anschauung. Aus der „ursprünglichen" Anschauung ist der Raum zur „reinen" Anschauung, intuitio pura, geworden.

Nun entsteht aber die Frage: Ist der Raum lediglich Anschauungsform oder zugleich etwas von unserer Vorstellung Unabhängiges, etwas Objektives und Reales? Kant verneint die Möglichkeit des Letzteren, indem er die Unmöglichkeit des Gegenteils beweist. Wenn der Raum Anschauungsobjekt wäre, so würde die Tatsache der Mathematik in Frage gestellt. Auch hier ist also die Mathematik der Grund seiner Entscheidung: Qui spatii realitatem defendunt, vel illud ut absolutum et immensum rerum possibilium receptaculum sibi concipiunt, quae sententia, post Anglos, geometrarum plurimis arridet, vel contendunt esse ipsam rerum existentium relationem, rebus sublatis plane evanescentem et nonnisi in actualibus cogitabilem, uti, post Leibnizium, nostratum plurimi statuunt. Quod attinet primum illud inane rationis commentum, cum veras relationes infinitas absque ullis erga se relatis entibus fingat, pertinet ad mundum fabulosum. Verum qui in sententiam posteriorem abeunt, longe deteriori errore labuntur. Quippe cum illi nonnisi conceptibus quibusdam rationalibus s. ad noumena pertinentibus offendiculum ponant, ceteroquin intellectui maxime absconditis, e. g. quaestionibus de mundo spirituali, de omnipraesentia etc., hi ipsis phaenomenis et omnium phaenomenorum fidissimo interpreti, geometriae, adversa fronte repugnant. Nam ne apertum in definiendo spatio circulum, quo necessario intricantur, in medium proferam, geometriam, ab apice certitudinis deturbatam, in earum scientiarum censum reiiciunt, quarum principia sunt empirica. Nam si omnes spatii affectiones nonnisi per experientiam a relationibus externis mutuatae sunt, axiomatibus geometricis non inest universalitas nisi comparativa, qualis acquiritur per inductionem, h.e. aeque late patens ac observatur, neque necessitas nisi secundum stabilitas naturae leges, neque praecisio nisi arbitrario conficta, et spes est, ut fit in empiricis, spatium aliquando detegendi aliis affectionibus primitivis praeditum, et forte etiam bilineum rectilineum."[1])

---

[1]) Nova dilucidatio: Sect. III. § 15. D. (II. S. 403/4).

Cf. auch Kr. d. r. V. Elementarl. I. §§ 2. 3. 7. 8. und Prolegomena I. § 12. (IV. S. 38: „Die Möglichkeit einer reinen Mathematik

Aus der Apriorität und Subjektivität folgt also lediglichc Subjektivität (transzendentaler Idealismus), gleichzeitige Realität ist ausgeschlossen: Der Raum ist bloße Form unserer Anschauung.

Diese Konsequenz zieht die Inauguraldissertation von 1770: „De mundi sensibilis atque intelligibilis forma et principiis:"

„Spatium non est aliquid objectivi et realis, nec substantia, nec accidens, nec relatio; sed subjectivum et ideale e natura mentis stabili lege proficiscens veluti schema omnia omnino externe sensa sibi coordinandi." § 15 d.

Dasselbe, was vom Raume, gilt auch von der Zeit; auch sie ist kein Begriff, sondern reine Anschauung.[1])

Obgleich der Raum bloße Anschauung ist, ist er nicht imaginär, kein „leeres Hirngespinst", wie die Untersuchung von 1768 geschlossen hatte, sondern ein dem menschlichen Geiste eingepflanztes, objektives Naturgesetz, das Fundament aller Wahrheiten der äußeren Empfindung: Quanquam conceptus spatii, ut objectivi alicujus et realis entis vel affectionis, sit imaginarius, nihilo tamen secius respective ad sensibilia quaequnque non solum est verissimus, sed et omnis veritatis in sensualitate externa fundamentum." § 15. E.[2]) (Empirische Realität.)

In dieser neuen Lehre von Raum und Zeit liegt eine entscheidende Wendung.

Das Verhältnis von Sinnlichkeit und Verstand ist nach diesen neuen Einsichten gänzlich verschoben und ein für

könnte ohne die transzendentale Deduktion der Begriffe von Raum und Zeit keineswegs eingesehen werden.") Dasselbe von der Zeit: Inauguraldissertation III. § 14. 5 und Kritik der reinen Vernunft, Elementarlehre I. § 5 und 6.

[1]) „Tempus non est objectivum aliquid et reale, nec substantia, nec accidens, nec relatio, sed subjectiva conditio per naturam mentis humanae necessaria, quaelibet sensibilia certa lege sibi coordinandi, et intuitus purus." § 14. 5.

[2]) Dasselbe gilt von der Zeit: „Quanquam autem tempus in se absolute positum sit ens imaginarium, tamen, quatenus ad immutabilem legem sensibilium qua talium, pertinet, est conceptus verissimus et per omnia possibilia sensuum objecta in infinitum patens intuitivae repraesentationis conditio." § 14. 6.

allemal das alte Vorurteil zerstört, welches die sinnliche Erkenntnis nur als verworrenes Erfahrungswissen und die Verstandeserkenntnis als die deutliche κατ' ἐξοχήν bezeichnet. Dieses Vorurteil war der gesamten dogmatisch-rationalistischen Philosophie vor Kant eigen.

Nicht der höhere und niedere Grad von Klarheit und Deutlichkeit macht den Unterschied von Sinnlichkeit und Verstand aus; denn daß es sinnliche oder anschauliche Erkenntnis gibt, welche vollkommen klar und deutlich sein kann, beweist die Tatsache der Geometrie mit ihrer konstruktiv-synthetischen Methode, das Muster sinnlicher Erkenntnis; während manches metaphysische System gezeigt hat, daß Verstandeserkenntnis recht dunkel und verworren sein kann;[1]) die Unterscheidung hofft Kant vielmehr durch einen anderen Gegensatz gewonnen zu haben, indem er Sinnlichkeit als das Vermögen der Rezeptivität, den Verstand als dasjenige der Spontaneität bestimmt.

Die Sinnlichkeit (sensualitas) ist die Rezeptivität des Subjekts, vermöge welcher ihr Vorstellungszustand (status repraesentativus) durch die Gegenwart eines Objekts affiziert wird. Die Rezeptivität kann in verschiedenen Personen verschieden sein, das Sinnliche in der Erkenntnis hängt von der speziellen Beschaffenheit des Subjekts ab; die sinnliche Erkenntnis erkennt daher die Dinge im Verhältnis zum Menschen, oder das sinnlich Gedachte ist Vorstellung der Dinge, wie sie uns erscheinen. (Phaenomena.)

[1]) „Ex hisce videre est, sensitivum male exponi per confusius cognitum, intellectuale per id, cujus est cognitio distincta. Nam haec sunt tantum discrimina logica et quae data, quae omni logicae comparationi substernuntur, plane non tangunt. Possunt autem sensitiva admodum esse distincta et intellectualia maxime confusa. Prius animadvertimus in sensitivae cognitionis prototypo, geometria, posterius in intellectualium omnium organo, metaphysica, quae, quantum operae navet ad dispellendas, quae intellectum communem obfuscant, confusionis nebulas, quanquam non semper tam felici quam in priori fit successu, in propatulo est.

Nihilo tamen secius harum cognitionum quaelibet stemmatis sui signum tuetur, ita, ut priores, quantumcunque distinctae, ob originem vocentur sensitivae, posteriores, utut confusae, maneant intellectuales.“ § 7. (II. S. 395.)

Die Empfindung (sensatio) macht den Stoff oder das Material der Sinnlichkeit aus. Neben der Materie ist an der sinnlichen Vorstellung die Form zu unterscheiden, die species sensibilium, welche angibt, inwieweit die mannigfaltigen die Sinne affizierenden Dinge durch ein gewisses Naturgesetz der Seele (naturali quadam animi lege) verbunden werden.

Das Denken wird definiert als das Vermögen des Subjekts, dasjenige sich vorzustellen, was wegen seiner Beschaffenheit nicht von den Sinnen erfaßt werden kann. Das unabhängig von der Sinnlichkeit durch den bloßen Verstand Gedachte ist daher Vorstellung der Dinge, so wie sie sind, der Noumena: Sensualitas est receptivitas subjecti, per quam possibile est, ut status ipsius repraesentativus objecti alicujus praesentia certo modo afficiatur. Intelligentia (rationalitas) est facultas subjecti, per quam, quae in sensus ipsius per qualitatem suam incurrere non possunt, repraesentare valet. § 3. Sensitive cogitata esse rerum repraesentationes, uti apparent, intellectualia autem, sicuti sunt. § 4 (II. S. 392).

Der Verstandesgebrauch ist ein zweifacher: ein realer und ein logischer. Aber nur im usus realis kann der Verstand die Dinge vorstellen, wie sie sind. Der logische Gebrauch ist allen Wissenschaften gemeinsam, denn sie bewegen sich alle in Urteilen und Schlüssen, die ohne Verstandesgebrauch nicht möglich sind. Im usus logicus bleiben die Erkenntnisse immer sinnlich, wie scharf auch ihre logische Bearbeitung gewesen sein mag. Die Geometrie rechnet Kant zur sinnlichen Erkenntnis, denn allem logischen Gebrauche geht in dem Sinnlichen die Erscheinung vorher. Durch Reflexion in der Vergleichung verschiedener Erscheinungen entsteht die Erfahrung. Sie hat demnach nur Erscheinungen zum Gegenstand. Die Erfahrungsbegriffe werden durch Verallgemeinerung niemals zu Verstandesbegriffen im realen Sinn und überschreiten die Form der sinnlichen Erkenntnis nicht, sondern bleiben, wie hoch sie sich auch durch Abstraktion erheben mögen, doch ohne Ende sinnlich.

Was aber den realen Gebrauch des Verstandes anlangt, so werden für denselben die Begriffe teils von Gegenständen, teils von Beziehungen durch die Natur des Verstandes selbst gegeben; sie sind nicht von sinnlichen Vorstellungen abstrahiert und enthalten keine Form der sinnlichen Erkenntnis als solcher: sie könnten daher richtiger abstrahierende oder nooh besser reine Begriffe (ideae purae) genannt werden, als abstrakte. Sie liegen in der Natur des reinen Verstandes, aber nicht als angeborene, sondern durch Reflexion erworbene Begriffe. Derart sind: „Möglichkeit, Dasein, Notwendigkeit, Substanz, Ursache usf. mit ihren Gegensätzen und Korrelaten". Sie sind die „Prinzipien des reinen Verstandes"; die Lehre von diesen Prinzipien ist die Metaphysik (§§ 5. 6.).

Auf diese neue Unterscheidung setzte Kant die größten Hoffnungen. Obgleich die Sinnlichkeit die Dinge nur erkennt, wie sie erscheinen, so ist sie dem Verstande als Erkenntnisquelle doch durchaus ebenbürtig. „Keine dieser Eigenschaften ist der anderen vorzuziehen." (III. S. 82.) Nur deshalb konnten die Eleaten, Plato, Spinoza, Leibniz u. a., welche ebenfalls die äußere Welt als Erscheinung bezeichnet haben, keine Wissenschaft der Erscheinungen haben, weil sie die sinnliche Erkenntnis nur als verworrene betrachteten: Sensualium itaque datur scientia, quanquam, cum sint phaenomena, non datur intellectio realis, sed tantum logica; hinc patet, quo sensu, qui e schola Eleatica hauserunt, scientiam phaenomenis denegasse censendi sint." (§ 12. Schluß.)

Die Mißachtung des fundamentalen Unterschieds von logisch-begrifflichem Denken und sinnlichem (räumlich-zeitlichem) Vorstellen, die einseitige Wertung einer unsrer Erkenntniskräfte, die ausschließliche Betonung des logisch-begrifflichen Denkens (Rationalismus) oder der sinnlichen Wahrnehmung (Sensualismus) als einzig wahren Erkenntnisvermögens, glaubt nun Kant erkannt zu haben, war die Ursache all der bisherigen Irrtümer in der gesamten dogmatischen Philosophie und hat die Geister von der Erforschung nur zu logischen Spielereien abgelenkt.

Auf Grund einer strengen Innehaltung der Scheidung von Form und Inhalt der Erkenntnis erhofft er, die Metaphysik für alle Zeiten neu begründen zu können als Wissenschaft, welche die Grundlagen des (realen) Gebrauchs des reinen Verstandes enthält: Philosophia autem prima continens principia usus intellectus puri est Metaphysica. § 8.

Auf diese Hoffnung bezieht sich die Stelle in seinem Briefe an Lambert v. 2. September 1770, wo er sagt, er habe nun nach mancherlei „Umkippungen" eine Erkenntnis gewonnen, die er nie wieder aufzugeben hoffe: „Seit etwa einem Jahre bin ich, wie ich mir schmeichle, zu demjenigen Begriffe gekommen, welchen ich nicht besorge, jemals ändern, wohl aber erweitern zu dürfen, und dadurch alle Art metaphysischer Quästionen nach ganz sichern und leichten Kriterien geprüft und, inwiefern sie auflöslich sind oder nicht, mit Gewißheit kann entschieden werden . ." (VIII. S. 662.) Jetzt endlich glaubt er die Methode gefunden zu haben, an deren Verbesserung er so lange gearbeitet hatte.

Auf der Unterscheidung von Sinnlichkeit und Verstand baut Kant ein neues System der Erkenntnis auf, dessen Grundzüge folgende sind:

Sinnlichkeit und Verstand sind die beiden nicht graduell, sondern prinzipiell verschiedenen Grundfähigkeiten des menschlichen Erkenntnisvermögens. Die Formen der Sinnlichkeit oder, wie es hier heißt, die Prinzipien der sensiblen Welt, sind Raum und Zeit, diejenigen des Verstandes die allgemeinsten Begriffe. Die Sinnlichkeit ist rezeptiv, sie ist empfänglich für gegebene Eindrücke; vermöge ihrer sinnlichen Natur verwandelt sie die gegebenen Eindrücke in sinnliche, d. h. Empfindungen. Raum und Zeit sind die Grundformen unsererer Sinnlichkeit. Indem die Sinnlichkeit das Mannigfaltige der Empfindung in die ihr eigentümlichen Formen ordnet, macht sie die empfangenen Eindrücke oder Empfindungen zu Erscheinungen.

Während die Formen der (rezeptiven) Sinnlichkeit also nur die notwendige Erkenntnis der Erscheinung der Dinge im menschlichen Geist geben (mundus sensibilis phaenomenon), stellt sich den reinen Formen der Verstandeserkenntnis der metaphysische Zusammenhang der Dinge an sich, die „intelligible" Welt, unmittelbar dar; die Verstandesformen geben das adäquate Wissen vom wahren Wesen der Dinge (mundus intelligibilis noumenon.)

Dieses unmittelbare Erfassen soll dadurch möglich sein, daß der Verstand wie die Dinge selbst ihren Ursprung im göttlichen Geiste haben, daß wir also durch ihn die Dinge gewissermaßen „in Gott sehen“.

Erstere Erkenntnis behandelt die Mathematik, letztere die Metaphysik, beides apriorische Wissenschaften von unbedingter Gewißheit. In dieser neuen Auffassung des Verhältnisses von sinnlicher Erfahrung und begrifflichem Denken gegenüber dem Leibniz-Wolffschen Gegensatz von verworrener und deutlicher Vorstellung besteht die Originalität der Inauguraldissertation. Der Unterschied ist bei Kant nicht mehr graduell, sondern beruht auf zwei völlig verschiedenen Verfahrungsweisen.[1])

In der Lehre vom Ding-an-sich dagegen denkt Kant 1770 noch dogmatisch. Seinen gegenwärtigen metaphysischen Standpunkt charakterisiert der vierte Abschnitt: De principio formae mundi intelligibilis, welcher das alte Thema behandelt, quonam pacto possibile sit, ut plures substantiae pertineant

---

[1]) Sinnlichkeit und Verstand stehen sich hier aber noch dualistisch fremd gegenüber; anders in der Kritik, wo sie „nur in Verbindung Gegentände bestimmen“. An sich sind die Kategorien leere Beziehungsformen; sie erhalten erst einen Inhalt durch die Anschauung: „Ohne Sinnlichkeit würde uns kein Gegenstand gegeben und ohne Verstand keiner gedacht werden. Gedanken ohne Inhalt sind leer, Anschauungen ohne Begiffe sind blind. Der Verstand vermag nichts anzuschauen und die Sinne nichts zu denken; nur daraus, daß sie sich vereinigen, kann Erkenntnis entspringen.“ (III. S. 82.)

Die Inauguraldissertation dagegen sagt: „Quicquid enim repugnat legibus intellectus et rationis, utique est impossibile; quod autem, cum rationis purae sit objectum, legibus cognitionis intuitivae tantummodo non subest, non item. Nam hic dissensus inter facultatem sensitivam et intellectualem, (quarum indolem mox exponam) nihil indigitat, nisi, quas mens ab intellectu acceptas fert ideas abstractas, illas in concreto exsequi et in intuitus commutare saepenumero non posse. Haec autem reluctantia subjectiva mentitur, ut plurimum, repugnantiam aliquam objectivam, et incautos facile fallit, limitibus, quibus mens humana circumscribitur, pro iis habitis, quibus ipsa rerum essentia continetur“ § 1 und „Principium autem hoc formale nostri intuitus (spatium et tempus) est conditio, sub qua aliquid sensuum nostrorum objectum esse potest, adeoque, ut conditio cognitionis sensitivae, non est medium ad intuitum intellectualem. Praeterea omnis nostrae cognitionis materia non datur nisi a sensibus, sed noumenon, qua tale, non concipiendum est per repraesentationes a sensationibus depromtas; ideo conceptus intelligibilis, qua talis, est destitutus ab omnibus datis intuitus humani“ § 10 (II. S. 389 u. 396).

ad idem totum, quod dicitur mundus. (§ 16.) Die Behandlung ist genau dieselbe, wie in der Nova dilucidatio.

Wenn, wie verschiedentlich angenommen wird, Kant in der Zwischenzeit einen reinen Empirismus oder gar Skeptizismus vertreten hat, so muß diese Übereinstimmung auffallend erscheinen, nachdem Kant durch einen jenen Jahren (1755 und 1770) entgegengesetzten Standpunkt hindurchgegangen ist. Wenn wir dagegen mit Heymans die betreffenden Ansichten Kants während der Zeit von 1755—1770 im großen und ganzen dieselben sein lassen, so erfordert die obige Übereinstimmung keine Erklärung.

Genau wie 1755 folgt auch hier aus dem bloßen Dasein der Substanzen in Raum und Zeit das Prinzip ihres möglichen Verkehrs miteinander nicht, sondern es ist noch etwas anderes nötig, was die gegenseitigen Beziehungen verständlich macht.[1])

Denn Raum und Zeit als Formen der Sinnlichkeit können zwar ein gemeinsames Prinzip der allgemeinen Verbindung bezeugen, aber nicht erklären.[2]) Die Einheit in der Verbindung der Substanzen des Weltalls ist eine Folge ihrer Abhängigkeit aller von Einem.[3]) Und die menschliche Seele wird von den äußeren Dingen nur so weit erregt, und die Welt steht ihrer Anschauung nur so weit ohne Ende offen, als sie mit allen andern Dingen von derselben Kraft eines Einzigen erhalten wird. Deshalb nimmt sie das Äußere nur durch die Gegenwart der gemeinsam erhaltenden Ursache (Gott) wahr. Die hier vorgetragene Lösung liegt tatsächlich nicht weit von der mystischen Anschauung Malebranches ab, nach welcher wir „Alles in Gott schauen".[4]) Obgleich

[1]) „Datis pluribus substantiis, principium commercii inter illas possibilis non sola ipsarum existentia constat, sed aliud quid praeterea requiritur, ex quo relationes mutuae intelligantur". § 17.

[2]) . . . „testari quidem principium aliquod nexus universalis commune, non autem exponere". I. § 2. II. Schluß. (II. 391.)

[3]) „Unitas in conjunctione substantiarum universi est consectarium dependentiae omnium ab uno." § 20.

[4]) „Nempe mens humana non afficitur ab externis, mundusque ipsius adspectui non patet in infinitum, nisi quatenus ipsa cum omnibus aliis sustentatur ab eadem vi infinita unius. Hinc non sentit

einige Stellen eine andere Interpretation nahe legen möchten, (§ 10: „Intellectualium non datur (homini) intuitus, sed nonnisi cognitio symbolica, et intellectio nobis tantum licet per conceptus universales in abstracto, non per singularem in concreto“) bleibt der Satz bestehen: Durch die reinen Verstandesbegriffe erkennen wir die Dinge, wie sie an sich sind.

In der Frage nach der Erkenntnis der intelligiblen Welt steht Kant somit noch auf dem dogmatischen Standpunkt, daß der menschliche Verstand ein Abbild der Wirklichkeit, der „Dinge-an-sich“ sei, daß zwischen Denken und Sein ein Abhängigkeitsverhältnis bestehe, und die Verstandesformen ein adäquates Bild der Daseinsformen der Wirklichkeit liefern.

Dieses mystisch-dogmatische System der Inauguraldissertation ist die letze der „mancherlei Umkippungen“ [1]) in Kants Verhältnis zur Metaphysik. Es gehört daher, wenigstens in seinem die intelligible Erkenntnis behandelnden Teil, noch nicht der kritischen Periode an, sondern bildet nur den Übergang zu dieser.

Wie gleich nach 1768 seine Ansicht vom Raum, so änderte Kant gleich nach 1770 seine Anschauung von der Gewißheit der Verstandeserkenntnis.

---

externa, nisi per praesentiam ejusdem causae sustentatricis communis.“ § 22 Scholion.

[1]) Cf. VIII. S. 655. Das Geständnis Kants, daß er „mancherlei Umkippungen“ habe durchmachen müssen, widerspricht nicht der im vorhergehenden vertretenen Ansicht, daß Kants metaphysischer Standpunkt von 1755 bis 1770 im großen und ganzen derselbe geblieben sei. Die Umkippungen in der Zwischenzeit brauchen sich nicht auf Kants metaphysische Anschauungen zu beziehen und einen Umschwung vom Rationalismus zum Empirismus zu bedeuten, sondern betreffen lediglich seine Bemühungen um die Methode der Philosophie; das geht aus dem Zusammenhang, in welchem die bekannten Worte stehen, unzweideutig hervor: „Ich habe verschiedene Jahre hindurch meine philosophischen Erwägungen auf alle erdenklichen Seiten gekehrt und bin nach so mancherlei Umkippungen, bei welchen ich jederzeit die Quellen des Irrtums oder der Einsicht in der Art des Verfahrens suchte, endlich dahin gelangt, daß ich mich der Methode versichert halte“... „Alle diese Bestrebungen laufen hauptsächlich auf die eigentümliche Methode der Metaphysik und vermittelst derselben auch der gesamten Philosophie hinaus“... Diese Methode ist die Analysis gegebener Begriffe, wie die Preisschrift festgestellt hat (cf. auch Einrichtung seiner Vorlesungen. II. 308).

Schon in der Inauguraldissertation bezeichnete er im Gegensatz zur Verstandeserkenntnis die Erkenntnis der Erscheinungen als die wahrste, obgleich sie die innere und unbedingte Beschaffenheit der Gegenstände nicht ausdrücke: „Quanquam autem phaenomena proprie sint rerum species, non ideae, neque internam et absolutam objectorum qualitatem exprimant: nihilo tamen minus illorum cognitio est verissima. § 11.

Die in Gott begründete „präformierte Harmonie" mußte ihm als eine unbegründbare Annahme erscheinen, unfähig, ein wissenschaftliches System der Philosophie zu tragen.

Der fünfte Abschnitt ist in dieser Hinsicht bezeichnend. Hier werden die ontologischen Grundsätze einer Kritik unterzogen. Kant findet unter ihnen Grundsätze der Übereinstimmung, principia convenientiae, d. h. Beweisgründe, welche nur scheinbar den Gegenständen entlehnt sind, in Wahrheit aber nur auf subjektiven Gründen beruhen. Man hängt an ihnen, wie an unzweifelhaften Grundsätzen, und geht von ihnen nur deshalb nicht ab, weil sonst unserm Verstande beinahe kein Urteil über einen gegebenen Gegenstand gestattet wäre („quia, si ab iis discesserimus, intellectui nostro nullum fere de objecto dato judicium liceret." V. § 30.).

Dahin gehört z. B. jene „Begünstigung der Einheit, die dem philosophischen Verstande so nahe liegt" (favor ille unitatis, philosophico ingenio proprius, a quo pervulgatus iste canon profluxit), derselbe Schluß von der gegebenen Welt zur einzigen Ursache aller ihrer Teile, welcher im 4. Abschnitt ohne alle Bedenken gilt.

Dort hieß es: a dato mundo ad causam omnium ipsius partium unicam valet consequentia; hier, meint Kant, man stimme der Regel nicht deshalb bei, weil man die ursächliche Einheit in der Welt durch Vernunft oder Erfahrung erkannt habe; sie ist es vielmehr, der wir auf Antrieb unseres Verstandes nachforschen; denn dieser denkt ebensoweit in der Erklärung der Erscheinungen vorgerückt zu sein, als es ihm von ein und demselben Prinzip zu mehreren Folgen herabzusteigen vergönnt ist („non ideo, quia causalem in mundo unitatem vel ratione vel experientia perspiciamus, sed illam ipsam indagamus impulsu intellectus"...) V. § 30.

Verschiedene Stellen seiner Briefe deuten darauf hin, daß Kant selbst die Entdeckung von 1769 als den Ausgangspunkt der zur kritischen Genese führenden Gedankenreihe ansah. Dafür spricht z. B. die Bemerkung im Brief vom 18. August 1783 an Mendelssohn:

„Das Produkt des Nachdenkens von einem Zeitraum von wenigstens zwölf Jahren hatte ich innerhalb etwa 4 bis 5 Monaten, gleichsam im Fluge, ... zustande gebracht." (VIII. S. 681.) Damit im Einklang steht eine ganz ähnliche Äußerung, welche sich in Kants Brief an Garve vom 7. August 1783 findet: „Den Vortrag der Materien, die ich mehr als zwölf Jahre hintereinander sorgfältig durchdacht hatte, ... brachte ich in 4 bis 5 Monaten zustande."

Wenn das Jahr 1769 — und das ist die allgemein angenommene Auffassung — den Beginn des kritischen Standpunktes Kants bezeichnet, so darf das nicht heißen, daß die Inauguraldissertation von 1770 bereits Problem und Schwerpunkt der Kritik enthält. Daß ein gewisser Zusammenhang zwischen der Inauguraldissertation und der Kritik der reinen Vernunft besteht, hat Kant selbst betont. Unzweideutig hebt ihn der Begleitbrief bei Übersendung der „Kritik" an M. Herz vom 1. Mai 1781 hervor: „Dieses Buch", heißt es hier, „enthält den Ausschlag aller mannigfaltigen Untersuchungen, die von den Begriffen anfingen, welche wir zusammen unter der Benennung des mundi sensibilis und intelligibilis abdisputierten." (VIII. S. 710.) Dafür spricht auch die an Tieftrunk (6. Februar 1798) ausgesprochene Bitte Kants, daß in die Sammlung seiner kleinen Schriften nicht ältere als vor 1770 aufgenommen werden möchten, und die Inauguraldissertation den Anfang machen sollte. (VIII. S. 812.)

Aus der Vorrede zu den Prolegomenen geht nun aber hervor, daß die Kritik der reinen Vernunft die „Ausführung des Humeschen Problems in seiner möglich größten Erweiterung" ist. (IV. S. 9.) Der Grund zur Kritik soll also einerseits durch die Entdeckung von 1769 gelegt worden sein, andererseits soll es das Humesche Problem gewesen sein, welches den Anstoß zur Kritik gegeben hat. Liegt es also nicht nahe, 1769 den Einfluß Humes einzusetzen? Denn wenn diese Datierung der Erweckung aus dem dogmatischen Schlummer durch Hume, welcher Kants „Untersuchungen im Felde der spekulativen Philosophie eine ganz andere Richtung gab", und „dem er den ersten Funken dieses Lichtes zu verdanken hatte", richtig ist, so motiviert sie gleichzeitig die Entdeckung von 1769, welche ebenfalls nach Kants eigenem Zeugnis — „das Jahr 1769 gab mir großes Licht"[1]) — einen entscheidenden Wendepunkt in seiner Entwicklung bildet.

Abgesehen von inneren Gründen, welche gegen diese Datierung sprechen, muß auch hier zunächst eingewandt werden, daß sich der Umschwung von 1769 ebenso wie der von 1762 aus Kants eigener Gedankenbildung hinreichend motivieren läßt und so die Berufung auf fremde Einwirkung überflüssig macht. Rein äußerlich betrachtet, fällt hier außerdem die ähnliche Problemstellung weg; auch wird Hume in der Inauguraldissertation nicht zitiert. Diese beiden letzten Punkte mögen jedoch als irrelevant übergangen werden.

Zu größerem Bedenken gibt ein anderer Umstand Anlaß, daß nämlich auf die Behandlung des Kausalbegriffs, der bei Hume im Vordergrund steht, und den auch Kant in den späteren Erwähnungen hervortreten läßt, hier gar nicht im einzelnen eingegangen wird; er ist nur als einer unter mehreren reinen Verstandesbegriffen genannt. Dennoch hat Paulsen den Versuch dieser Datierung gemacht. Er geht von der Voraussetzung aus, daß die Gedankenbildung, welche in der Kritik der reinen Vernunft systematisiert ist, ihren ersten Anstoß durch das Studium Humes empfing. Da sich aber der Kritizismus zuerst mit der Abhandlung von 1770 einführt, sei anzunehmen, daß diese Schrift als der erste Erfolg jenes Einflusses von außen zu betrachten sei. Aus den Äußerungen der Prolegomena geht ferner hervor, daß Kant durch einen bei Hume scharf und konsequent ausgeprägten Irrtum von der Notwendigkeit einer anderweitigen erkenntnistheoretischen Grundlegung überzeugt wurde. Diese Auffassung seines Verhältnisses zu Hume spricht die bekannte Stelle der Vorrede zu den Prolegomenen auf das Deutlichste

---

[1]) B. Erdmann: „Reflexionen Kants zur kritischen Philosophie".

aus: Die Erinnerung des David Hume sei eben dasjenige gewesen, was ihm vor vielen Jahren zuerst den dogmatischen Schlummer unterbrochen habe; doch sei er weit entfernt gewesen, ihm in seinen „übereilten und unrichtigen“ Folgerungen Gehör zu schenken. Wollte er ihm zustimmen, so würde er mit Hume in jenen „schrecklichen Umsturz“ verwickelt, der nicht bloß die Metaphysik, sondern vor allen Dingen auch die Naturwissenschaft betraf. Um diese Konsequenz zu vermeiden, habe Kant die berühmte Trennung von Noumenen und Phaenomenen wieder aufgenommen.

Die neue Gedankenbildung entspringt also nach Paulsen zunächst aus der Reaktion gegen den Skeptizismus Humes. Erst aus der Unterscheidung des Sensiblen und Intelligiblen ergibt sich nach ihm die Lösung des mathematischen Problems. Auch die Kritik der reinen Vernunft sei als Ergänzung der Inauguraldissertation und im engsten, unmittelbarsten Zusammenhang mit dieser zunächst anzusehen als entsprungen aus der Reaktion gegen den Empirismus oder Skeptizismus Humes.

Ihre Absicht sei, zu beweisen, daß es reine Naturwissenschaft, d. h. Erkenntnis von Gegenständen aus reiner Vernunft gibt. Insofern ist sie nur eine Erweiterung und Vertiefung der rationalistischen Reaktion gegen Hume; Problem und Schwerpunkt der Kritik fällt danach mit dem der Inauguraldissertation zusammen (Cf. Paulsen, Entwicklungsgeschichte S. 126 pp. u. 181.).

Gegen diese Auffassung hat B. Erdmann, der in nachstehenden Ausführungen vor allem zu Rate gezogen worden ist, in der Einleitung seiner Ausgabe der Prolegomena Stellung genommen.

Daß das Jahr 1769 den Ausgangspunkt der zur kritischen Genese führenden Gedankenreihe bezeichnet, trifft insofern zu, als Kant in diesem Jahre eine für seine Kritik überaus wichtige Entdeckung machte, welche auch wenig verändert, jedenfalls in ihren Grundideen von der Dissertation in die Kritik übernommen worden ist und dort den Inhalt der transzendentalen Ästhetik ausmacht. Diese Entdeckung besteht in der Einsicht, daß Raum und Zeit keine Eigenschaften der Dinge, sondern die apriorischen Formen der sinnlichen Anschauung sind, und die sinnliche Erkenntnis die Dinge nur erkennen läßt, wie sie erscheinen, nicht wie sie sind.

Das Ergebnis der transzendentalen Ästhetik, die Begründung der sinnlichen Erkenntnis durch die neue Lehre von Raum und Zeit, bildet die notwendige und unentbehrliche Grundlage der transzendentalen Analytik und damit das Fundament der kritischen Philosophie; insofern ist es berechtigt, das Jahr 1769 als den Beginn der kritischen Gedankenreihe zu bezeichnen.

Die Inauguraldissertation enthält aber nicht den Schwerpunkt und das Problem der Kritik; dieses ist Gegenstand der transzendentalen Deduktion (s. später) und ist in der Inauguraldissertation noch gänzlich außer Acht gelassen. Ja, während in dieser die Verstandeserkenntnis die Dinge zu erkennen gibt, wie sie sind, besteht das Resultat der Deduktion und damit das Ergebnis der Kritik in dem entgegengesetzten Nachweis, daß auch die Kategorien die Dinge nur erkennen lassen, wie sie als empirische Objekte erscheinen. Gerade die Deduktion der Kategorien aber bezeichnet Kant als die vollständige Auflösung des Humeschen Problems nicht bloß in einem besonderen Falle, sondern in Absicht auf das ganze Vermögen der reinen Vernunft. (Prol. S. 8, 61.). Das Problem der Deduktion läßt B. Erdmann Kant überdies s e l b s t ä n d i g finden (s. später), nur der befreiende Gedanke der Lösung fehlte ihm: die Beschränkung aller apriorischen Erkenntnis auf Erfahrung. Aus den Äußerungen der Prolegomena kann zweierlei mit Sicherheit entnommen werden, und darin soll Paulsen zugestimmt werden, nämlich:

1) Daß Kant selbst die Kritik der reinen Vernunft als die Frucht seiner Stellungnahme zum Humeschen Kausalproblem ansah („Die Ausführung des Humeschen Problems in seiner möglich größten Erweiterung“ IV. S. 9.), und

2) daß Kant den Humeschen Irrtum, daß die kausale Verknüpfung empirische Assoziation und ihre Notwendigkeit subjektive Gewohnheit sei, gleich erkannt und vermieden hat. („Ich war weit entfernt, ihm in Ansehung seiner Folgerungen Gehör zu geben.“ IV. S. 8.) Diese beiden Punkte sind gleichzeitig geeignet, einen Anhalt zur Bestimmung des Termins zu geben, welchen Kant in der bekannten Stelle vor Augen hat.

Allerdings kann mit K. Fischer eingewendet werden, daß sich der letzte Passus („Ich war weit entfernt, ihm in seinen Folgerungen Gehör zu geben") nicht auf die Zeit der ersten Einwirkung Humes zu beziehen braucht, sondern lediglich vom Standpunkte der Kritik aus geschrieben sei. Denn Kant will seinen Lesern in der Einleitung seines Buches keinen historischen Bericht seiner Entwicklung geben, sondern sie nur orientieren über Zweck und Inhalt des Buches und dessen Zusammenhang mit Humes Schriften, deren Priorität von Hamann in einer für Kant verletzenden Weise betont worden war.[1])

Doch die bekannte Stelle in der Vorrede ist nicht die einzige der Prolegomena, wo sich Kant über sein Verhältnis zu Hume ausspricht. Daß sämtliche Stellen der Prolegomena übereinstimmen in der Darlegung dieser Beziehung, erhöht die Wahrscheinlichkeit der Annahme, daß diese Schilderungen tatsächlich den historischen Beziehungen entsprechen. Übereinstimmend stellen die vielfachen Schilderungen als Irrtümer Humes auf: 1) daß dieser sich seine Aufgabe nicht im Ganzen vorstelle, sondern sich nur auf einen Teil derselben (den Begriff der Kausalität) beschränke, der ohne das Ganze in Betracht zu ziehen, keine Auskunft geben konnte (S. 8, 20, 25), und 2) daß Hume von der irrtümlichen Annahme ausging, jene Verstandesbegriffe seien von der Erfahrung abgeleitet (S. 8, 59, 60).

Übereinstimmend stellen die vielfachen Schilderungen der Prolegomena ferner als eigenes Verdienst Kants hin:

1) Daß er es versuchte, ob sich nicht Humes Einwurf allgemein vorstellen ließe, und daß er fand, „daß der Begriff der Verknüpfung von Ursache und Wirkung bei weitem nicht der einzige sei, durch den der Verstand apriorisch Verknüpfungen der Dinge denkt, vielmehr, daß Metaphysik ganz und gar daraus bestehe;" (S. 8.)

2) daß er ein Prinzip fand, um die Zahl dieser Begriffe zu bestimmen; (S. 8, 71.)

---

[1]) Cf. Erdmann, Einleitung zu Kants Prolegomena LXXIX und K. Fischer, I. S. 81. Hamanns Brief an Herder vom April 1782: „So viel ist gewiß, daß ohne Berkeley kein Hume geworden wäre, wie ohne diesen kein Kant. Es läuft doch alles zuletzt auf Überlieferung hinaus".

3) daß er die Bedingung des Gebrauchs der Kategorien bestimmte. (S. S. 72.)

Außer diesen Stellen der Prolegomena finden sich in früheren und späteren Schriften Ausführungen, welche im wesentlichen der obigen Schilderung entsprechen und die Annahme bestätigen, daß Kants Besprechung des Verhältnisses der Prolegomena zu Humes gleichartigen Auslassungen zugleich eine Darlegung der historischen Beziehung enthält:

So z. B. Kr. d. r. V., S. 509, wo es heißt: „Die skeptischen Verirrungen dieses sonst äußerst scharfsinnigen Mannes entsprangen vornehmlich aus einem Mangel, den er doch mit allen Dogmatikern gemein hatte, nämlich, daß er nicht alle Arten der Synthesis des Verstandes a priori systematisch übersah; . . .“ „Unser Skeptiker . . . hielt. . . alle vermeintlichen Prinzipien der Vernunft a priori für eingebildet, und fand, daß sie nichts, als eine aus Erfahrung und deren Gesetzen entspringende Gewohnheit, mithin bloß empirische, d. i. an sich zufällige Regeln seien, denen wir eine vermeinte Notwendigkeit und Allgemeinheit beimessen. Er bezog sich aber zur Behauptung dieses befremdlichen Satzes auf den allgemein anerkannten Grundsatz von dem Verhältnis der Ursache zur Wirkung; . . . ff. (508.) (cf. auch III. S. 46; 113; V. S. 13,56).

Die übereinstimmende Schilderung aus verschiedenen Schriften und aus verschiedenen Zeiten machen die Annahme, daß Kants Darlegungen den historischen Beziehungen zu Hume entsprechen, zur Gewißheit, wenn sich eine Stelle in Kants Entwicklungsgang findet, wo Kant tatsächlich das Humesche Problem sich allgemein vorstellt, Zahl und Prinzip der Kategorien findet und die Bedingung ihres Gebrauchs bestimmt.

Kant kommt uns hier selbst zu Hilfe. Ein glücklicher Zufall hat uns einen Brief Kants erhalten, der geeignet ist, über Zeit und Gang einer Entwicklungsphase Klarheit zu verschaffen, die der in den Prolegomenen geschilderten Reaktionsperiode gegen den Humeschen Skeptizismus genau entspricht. Es ist der Brief an M. Herz vom 21. Februar 1772. Da er der einzige Anhaltspunkt für den weiteren Gang der Kantischen Entwicklung nach 1770 bildet, mag sein Inhalt hier ausführlich eingefügt werden. Er deutet zunächst auf eine ruhige, selbständige Denkentwicklung nach der Dissertation hin, an welche Kant gleich anknüpft: „Ich habe den Plan zu der vollständigeren Ausführung in den Kopf bekommen“, heißt es schon im Briefe vom 7. Juni 1771.[1]) Gleich nach Erscheinen der Dissertation muß also Kant die Schwierigkeit der Ansicht gefühlt haben, daß die Gegenstände des Verstandes die Dinge-an-sich seien.

Nach einer nochmaligen Durchsicht seiner Inauguraldissertation machte er sich den Plan zu einem Werke, welches den Titel haben sollte: „Die Grenzen der Sinnlichkeit und der Vernunft“. Er dachte sich darin zwei Teile, einen theoretischen und einen praktischen. Der erste sollte in zwei Abschnitten: 1) Die Phänomenologie überhaupt enthalten und 2) die Metaphysik, und zwar nur nach ihrer Natur und Methode. „Indem ich,“ fährt er fort, „den theoretischen Teil in seinem ganzen Umfange und mit den wechselseitigen Beziehungen aller Teile durchdachte, so bemerkte ich, daß mir noch etwas Wesentliches mangele, welches ich bei meinen langen metaphysischen Untersuchungen, sowie Andre, aus der Acht gelassen hatte, und welches in der Tat den Schlüssel zu dem ganzen Geheimnisse der bis dahin sich selbst noch verborgenen Metaphysik ausmacht. Ich frug mich nämlich selbst: auf welchem Grunde beruht die Beziehung desjenigen, was man in uns Vorstellung nennt, auf den Gegenstand?“

Auch an dieser Stelle, wo Kant das Reifen des kritischen Gedankens schildert, findet sich keine Äußerung, welche auf eine sprunghafte, fremder Erklärung bedürfende „Revolution“ deutete. Die Worte: „Indem ich durchdachte, bemerkte ich“ und „Ich frug mich nämlich selbst“ deuten durchaus darauf hin, daß Kant das Problem selbständig gefunden hat; von einer Beeinflussung durch fremde Gedankenarbeit ist nichts erwähnt.

Die Beziehung der sinnlichen Vorstellungen auf den Gegenstand sei leicht einzusehen, da „die Wirkung der Ursache gemäß sei“. „Die passiven oder sinnlichen Vorstellungen haben also eine begreifliche Beziehung auf Gegenstände, und

---

[1]) VIII. S. 687.

die Grundsätze, welche aus der Natur unserer Seele entlehnt werden, haben eine begreifliche Gültigkeit für alle Dinge, insofern sie Gegenstände der Sinne sein sollten.“

Hinsichtlich der intellektualen Vorstellungen ist das Problem nicht gelöst. Die Frage: wie die Kategorien die Gegenstände der Erfahrung machen, hatte die Inauguraldissertation mit Stillschweigen übergangen: „Ich hatte mich in der Dissertation damit begnügt, die Natur der Intellektual-Vorstellungen bloß negativ auszudrücken: Daß sie nämlich nicht Modifikationen der Seele durch den Gegenstand wären. Wie aber denn sonst eine Vorstellung, die sich auf einen Gegenstand bezieht, ohne von ihm auf einige Weise affiziert zu sein, möglich, überging ich mit Stillschweigen. Ich hatte gesagt: Die sinnlichen Vorstellungen stellen die Dinge dar, wie sie erscheinen, die intellektualen, wie sie sind. Wodurch werden uns denn diese Dinge gegeben, wenn sie es nicht durch die Art werden, womit sie uns affizieren, und wenn solche intellektualen Vorstellungen auf unserer inneren Tätigkeit beruhen, woher kommt die Übereinstimmung, die sie mit Gegenständen haben sollen, die doch dadurch nicht etwa hervorgebracht werden, und die Axiomata der reinen Vernunft über diese Gegenstände, woher stimmen sie mit diesen überein, ohne daß diese Übereinstimmung von der Erfahrung hat dürfen Hülfe entlehnen? In der Mathematik geht dieses an, weil die Objekte für uns nur dadurch Größen sind und als Größen können vorgestellt werden, daß wir ihre Vorstellungen erzeugen können, indem wir Eines etlichemal nehmen. Daher die Begriffe der Größen selbsttätig sind und ihre Grundsätze a priori können ausgemacht werden. Allein im Verhältnis der Qualitäten, wie mein Verstand gänzlich a priori sich selbst Begriffe von Dingen bilden soll, mit denen notwendig die Sachen einstimmen sollen, wie er reale Grundsätze über ihre Möglichkeit entwerfen soll, mit denen die Erfahrung getreu einstimmen muß, und die doch von ihr unabhängig sind, diese Frage hinterläßt immer eine Dunkelheit in Ansehung unseres Verstandesvermögens, woher ihm diese Übereinstimmung mit den Dingen selbst komme.“ (689/90.)

Damit ist die kritische Frage in ihrer ganzen Bedeutung erkannt, und negativ ihre Beantwortung auch schon gegeben: Die Möglichkeit wäre „verständlich", wenn der Verstand entweder ein intellectus archetypus wäre, auf dessen Anschauung die Gegenstände selbst sich gründen, oder ein intellectus ectypus, der die Data seiner logischen Behandlung aus der sinnlichen Anschauung der Sachen schöpft.

Im ersteren Falle würde der Verstand vermöge seiner angeborenen Begriffe seine Gegenstände ebenso hervorbringen, wie die Sinnlichkeit die Erscheinungen durch die Formen Raum und Zeit. „Wenn das, was in uns Vorstellung heißt, in Ansehung des Objekts actio wäre, d. i. wenn dadurch selbst der Gegenstand hervorgebracht würde, wie man sich die göttlichen Erkenntnisse als die Urbilder der Sachen vorstellt, so würde auch die Konformität derselben mit den Objekten verstanden werden können." (690.)

Im zweiten Fall würde der Verstand durch seine Gegenstände affiziert, seine Begriffe würden von der Empfindung der Sinne abstrahiert sein und die Empfänglichkeit der Vorstellungen durch Sinne ausdrücken; auch dann hätten die Verstandesbegriffe eine ebenso begreifliche Beziehung auf die Gegenstände, wie die sinnlichen Vorstellungen. Aber nun sind einmal die Verstandesbegriffe keine Wirkungen der Objekte, ebensowenig wie die Ursachen der Gegenstände. In der Inauguraldissertation hatte Kant die Erkenntnis der Dinge-an-sich durch die reinen Verstandesbegriffe auf die Einheit aller Substanzen in Gott zurückgeführt; das adäquate Wissen vom wahren Wesen der Dinge sollte darauf beruhen, daß der Verstand wie die Dinge selbst ihren Ursprung im göttlichen Geiste haben, daß wir also die Dinge gewissermaßen „in Gott sehen". Jetzt erschien ihm der Versuch, das Verhältnis von Denken und Sein durch eine übernatürliche Erklärung verständlich zu machen, als ungereimte, als unwürdige, unhaltbare Spekulation. Plato nahm ein geistiges ehemaliges Anschauen der Gottheit zum Urquell der reinen Verstandesbegriffe und Grundsätze an; Malebranche ein noch dauerndes, immerwährendes Anschauen dieses Urwesens. Wie diese, muß auch die vorher bestimmte Harmonie Leibnizens ihre Zuflucht zur Wirksamkeit Gottes nehmen. „Allein der Deus ex machina ist in der Bestimmung des Ursprungs und der Gültigkeit unserer Erkenntnisse das Ungereimteste, was man nur wählen kann, und hat außer dem betrüglichen Zirkel in der Schlußreihe unserer Erkenntnisse noch das Nachteilige, daß er in der Grille dem andächtigen oder grüblerischen Hirngespinnst Vorschub leistet." (S. 690.)

Die Lösung muß also auf andere Weise erfolgen; wie? Das ist hier noch nicht angedeutet, ist aber in der Idee schon gefunden. Denn Kant meint, das es ihm, was das Wesentliche seiner Absicht betreffe, mit dieser Untersuchung über „die Quellen der intellektuellen Erkenntnis" gelungen sei, und daß er jetzt imstande sei, eine Kritik der reinen Vernunft, welche die Natur der theoretischen sowohl als praktischen Erkenntnis, sofern sie bloß intellektual ist, enthalte, vorzulegen. Den ersten Teil, der die Quellen der Metaphysik, ihre Methode und Grenzen enthalten soll, hoffe er binnen etwa 3 Monaten herausgeben zu können.

Dadurch ging Kant zunächst über die Inauguraldissertation hinaus, daß er die Kategorien nicht mehr aufs Geratewohl nebeneinandersetzte, sondern sie nach einem inneren, gemeinschaftlichen Prinzip aufstellte.[1])

Das Aufsuchen der Zahl und des Prinzips zur Deduktion dieser Begriffe, die Hume unmöglich erschienen war, bezeichnet aber Kant in der Vorrede seiner Prolegomena gerade als dasjenige, wodurch er zunächst über Hume hinausgegangen ist, und wodurch er es hofft weitergebracht zu haben als sein scharfsinniger Vorgänger, dem er den ersten Funken dieses Lichts zu verdanken hatte. Seine Deduktion

[1]) „Indem ich die Quellen der intellektualen Erkenntnis suchte, ohne die man die Natur und die Grenzen der Metaphysik nicht bestimmen kann, brachte ich diese Wissenschaft in wesentlich unterschiedene Abteilungen und suchte die Transzendentalphilosophie, nämlich alle Begriffe der gänzlich reinen Vernunft, in eine gewisse Zahl von Kategorien zu bringen, aber nicht wie Aristoteles, der sie so, wie er sie fand in seinen zehn Prädikamenten aufs bloße Ungefähr nebeneinander setzte, sondern wie sie sich selbst durch einige wenige Grundgesetze des Verstandes von selbst in Klassen einteilen" (VIII S. 690/1).

der Kategorien sei eben diese vollständige Auflösung des Humeschen Problems, nicht bloß in einem besonderen Falle, sondern in Absicht auf das ganze Vermögen der menschlichen Vernunft.[1])

Die übereinstimmende Schilderung seiner Gedankenentwicklung nach 1770 in dem Brief an Herz und an den verschiedensten Stellen der Prolegomena, der Kritik der reinen und praktischen Vernunft erheben die Wahrscheinlichkeit zur Gewißheit, daß der geschilderte tatsächlich der historische Entwicklungsprozeß ist, und daß es also das Ergebnis des Humeschen Problems war, welches in Kants Denken kurz vor dem Entwurf der „Transzendentalen Deduktion", d. h. 1771 oder Anfang 1772, eine lebhafte Bewegung hervorgerufen haben muß.

Kant schenkte ihm in Ansehung seiner Folgerungen kein Gehör, weil Hume die Verstandesbegriffe von der Erfahrung ableitete. Dieser Irrtum rührte bloß daher, weil er sich seine Aufgabe nicht im Ganzen vorstellte, sondern nur auf einen Teil derselben fiel, der, ohne das Ganze in Betracht zu ziehen, keine Auskunft geben kann. Aber Kant verwandte den kritischen Gedanken Humes, daß die Kausalität lediglich auf mögliche Erfahrung beschränkt sei, zur Auflösung des Problems der Deduktion; „die empiristische Lösung der Deduktion also ist es, zu der Kant durch Humes kritische Skepsis hingeführt wird".[2]) Die objektive Giltigkeit der reinen Verstandesbegriffe ist nur begreiflich, wenn sie lediglich Bedingungen einer möglichen Erfahrung sind. Diese gegensätzliche Stellung zur dogmatischen Philosophie ist Kant ein Beweis der „kritischen Vernunft" Humes, „die den gemeinen Verstand in Schranken hält, damit er sich nicht in Spekulationen versteige, oder wenn bloß von diesen die Rede ist, nichts zu entscheiden begehre, weil er sich über seine Grundsätze nicht zu rechtfertigen versteht." (IV. S. 7.)

Obgleich Kants eigene Äußerungen über seinen Entwicklungsgang (in den Prolegomenen) nicht in Absicht eines

---

[1]) Prol. Vorrede S. 8 u. 61.

[2] Cf. Erdmann, Prolegomena, Einleitung S. XCI.

historischen Berichts geschrieben sind, läßt sich aus dem vorliegenden Material doch mit ziemlicher Wahrscheinlichkeit sein Entwicklungsgang rekonstruieren.

Das kritische Problem scheint Kant kurz nach der Inauguraldissertation selbständig gefunden zu haben. Es besteht in der Frage: „auf welchem Grunde beruht die Beziehung desjenigen, was man in uns Vorstellung nennt, auf den Gegenstand?" Die Beziehung wäre „verständlich", wenn der Verstand ein intellectus archetypus oder ein intellectus ectypus wäre; er ist keines von beiden. Die Frage ist gelöst für die sinnlichen Vorstellungen. Wodurch aber werden uns die Dinge-an-sich gegeben, wenn sie es nicht durch die Art werden, wie sie uns affizieren?

Hier setzt B. Erdmann (Kants Prolegomena, Einleitung XCI) den Einfluß Humes ein: Bei dem Versuch, die obige Frage zu lösen, ist nach ihm Kant vom Zweifel Humes an der Möglichkeit apriorischer Kausalverknüpfung getroffen worden. Das Problem Humes war, wenn auch enger gefaßt, das seine. Es bestand in der Frage: „Wird durch die Vernunft a priori gedacht, daß etwas so beschaffen sein könne, daß, wenn es gesetzt ist, dadurch auch etwas Anderes notwendig gesetzt werden müsse?" Nicht die Richtigkeit und Brauchbarkeit des Kausalitätsbegriffs war in Zweifel gezogen, sondern nur der apriorische Ursprung desselben. Schon in der Inauguraldissertation wird der Begriff der Kausalität mit anderen gleichartigen Begriffen zusammengefaßt; es lag also nahe, die Frage auf andere Begriffe zu erweitern. Den Versuch, ob sich nicht Humes Einwurf allgemein vorstellen ließe, nennt Kant das erste, was er, durch die Folgerungen Humes angeregt, unternahm. Er fand „bald", daß der Begriff der Kausalität bei weitem nicht der einzige sei, durch den der Verstand a priori sich Verknüpfungen der Dinge denkt, vielmehr, daß Metaphysik ganz und gar daraus bestehe. (Prol. S. 8.)

Als den zweiten Schritt, durch den Kant über Hume hinausging, bezeichnet B. Erdmann[1]) den Versuch Kants, alle Begriffe der reinen Vernunft in eine gewisse Zahl von

---

[1]) B. Erdmann, Prolegomena, Einleitung (S. LXXXVIII).

Kategorien zu bringen, aber nicht wie Aristoteles, „der sie so, wie er sie fand, in seinen zehn Prädikamenten aufs bloße Ungefähr nebeneinandersetzte“, sondern wie sie sich selbst durch einige wenige Grundgesetze des Verstandes von selbst in Klassen einteilen.

Es galt also ein Prinzip zu finden, „nach welchem der Verstand völlig ausgemessen und alle Funktionen desselben, daraus seine reinen Begriffe entspringen, vollzählig und mit Präzision bestimmt werden könnten“. (Prol. S. 71.)

Um ein solches Prinzip aufzufinden, sah sich Kant nach einer Verstandeshandlung um, die alle übrigen enthält und sich nur durch verschiedene Modifikationen oder Momente unterscheidet, das Mannigfaltige der Vorstellung unter die Einheit des Denkens überhaupt zu bringen, und da fand er, diese Verstandeshandlung bestehe im Urteilen. Durch Ableitung aus den verschiedenen Arten des Urteils entdeckte er die zwölf Kategorien, welche die vollständige Tafel der reinen Verstandesfunktionen ausmachen. Diese Erweiterung des Humeschen Problems rettete also gleichzeitig den reinen Verstandesbegriffen ihren Ursprung a priori und machte damit den ersten Widerspruch gegen Hume offenbar, welcher diese Begriffe als bloß aus der Erfahrung entlehnt, und die Notwendigkeit, die in ihnen vorgestellt wird, als angedichtet und für bloßen Schein hält, den uns eine lange Gewohnheit vorspiegelt.

Diese, wider das Vermuten des Urhebers ausfallende Auflösung des Humeschen Problems rettete aber auch gleichzeitig den allgemeinen Naturgesetzen ihre Giltigkeit (Prol. S. 61.). Denn Humes Zweifel an der objektiven Richtigkeit der Vernunftprinzipien traf auch die objektive Wahrheit der Naturerkenntnis. Aus der Argumentation, daß es der Vernunft gänzlich unmöglich sei, a priori die Möglichkeit der Kausalität einzusehen (S 5. § 5. § 27.), schloß Hume übereilt und unrichtig, daß das Kausalitätsprinzip eine Regel der Assoziation sei, die bloß in der nachbildenden Einbildungskraft getroffen wird und nur zufällige, gar nicht objektive Verbindungen derselben darstellen könne. (III. S. 509.)

„So ward nun zuerst in Ansehung alles Erkenntnisses, das die Existenz der Dinge betrifft, der Empirismus als die einzige Quelle der Prinzipien eingeführt, mit ihm aber auch zugleich der härteste Skeptizismus selbst in Ansehung der ganzen Naturwissenschaft (als Philosophie). Denn wir können, nach solchen Grundsätzen, niemals aus gegebenen Bestimmungen der Dinge ihrer Existenz nach auf eine Folge schließen, ... sondern nur nach der Regel der Einbildungskraft ähnliche Fälle, wie sonst, erwarten, welche Erwartung aber niemals sicher ist, sie mag auch noch so oft eingetroffen sein. Ja, bei keiner Begebenheit könnte man sagen: es müsse etwas vor ihr vorhergegangen sein, worauf sie notwendig folgte, — — und so müsse man dem blinden Zufalle, bei welchem aller Vernunftgebrauch aufhört, auch sein Recht lassen." (V. S. 54 ff.) Den Zweifel an der Sicherheit der mathematischen Physik mußte Kant entschieden zurückweisen. „Die Ausdehnung der Zweifellehre sogar auf die Prinzipien der Erkenntnis des Sinnlichen, und auf die Erfahrung selbst, kann man nicht füglich für eine ernstliche Meinung halten, die in irgend einem Zeitalter der Philosophie stattgefunden habe." (VIII. 524.)

Der Humesche Zweifel traf endlich auch die Mathematik, an deren notwendiger Geltung selbst Hume festhielt, weil er ihre Urteile für analytische hielt; er kannte überhaupt keine synthetischen Urteile a priori; dadurch „schnitt er unbedachtsamer Weise eine ganze und zwar die erheblichste Provinz der Erkenntnis a priori, nämlich reine Mathematik, von seinem Problem ab" (Prol. S. 20). Nach Kant sind die mathematischen Urteile (seit 1769) synthetisch und a priori, so mußte auch seine Ansicht von der Mathematik den Skeptizismus Humes scheitern machen.

Die Apriorität der Kategorien ist gesichert; noch nicht aber ihre wahre Bedeutung und die Bedingungen ihres Gebrauchs bestimmt (Prol. S. 23). Ohne die Einsicht in die Natur der Kategorien, ohne Erklärung und Regel ihres Gebrauchs sind sie gänzlich unnütz und ein elendes Namenregister (S. 72/3).[1]

[1] „Wäre dergleichen jemals den Alten in den Sinn gekommen, ohne Zweifel das ganze Studium der reinen Vernunfterkenntnis, welches unter dem Namen Metaphysik viele Jahrhunderte hindurch so manchen

Diese Deduktion ist ganz Kants eigenes Werk. Hume selbst war sie unmöglich erschienen. Außer ihm hatte sie sich niemand auch nur einfallen lassen, obgleich jedermann sich getrost der Begriffe bediente, ohne zu fragen, worauf sich denn ihre objektive Giltigkeit gründe. Das Schlimmste aber dabei war, daß Metaphysik, soviel davon nur irgend vorhanden war, hierbei auch nicht die mindeste Hilfe leisten konnte.[1]) Von allem bisher Gegebenen konnte nichts benutzt werden, „als allein der Wink, den Humes Zweifel geben konnten" (10).

Hier ist die Stelle, an welcher die Kantische Gedankenkraft sich zu voller Höhe emporschwingen sollte, um das Schwerste zu leisten, was wohl je in der Geschichte der Philosophie geleistet worden ist;[2]) ein Problem zu lösen, welches seine volle Energie viele Jahre unausgesetzten Schaffens in Anspruch nahm, deren Frucht die

„Kritik der reinen Vernunft"

ist.

Mit Recht nannte sie Kant den Ausschlag aller mannigfaltigen Untersuchungen, die von den Begriffen anfingen, welche er mit Herz unter der Benennung des mundi sensibilis und intelligibilis abdisputierte.

In der Tat ist ein großer Teil des Gedankenkreises der Kritik in der Inauguraldissertation vorgearbeitet. So zunächst das Fundament des kritischen Baues, die „transzendentale Ästhetik."

In diese wurden von dem Ergebnis der Dissertation folgende Punkte, im wesentlichen unverändert, übernommen:

1. Raum und Zeit sind keine (diskursiven) Begriffe, sondern Anschauungen. Denn allgemeine Begriffe halten das Einzelne immer nur unter sich, nicht aber als Teile in sich; einzelne Räume oder Zeiten sind aber realiter Teile des allgemeinen Raumes oder der allgemeinen Zeit.

---

guten Kopf verdorben hat, wäre in ganz anderer Gestalt zu uns gekommen und hätte den Verstand der Menschen aufgeklärt, anstatt ihn, wie wirklich geschehen ist, in düsteren und vergeblichen Grübeleien zu erschöpfen und für wahre Wissenschaft unbrauchbar zu machen" (IV S. 73).

[1]) VIII. 699.

[2]) IV S. 8, 25; III 109/110; III S. 9.

2. Raum und Zeit sind apriorische, d. h. von aller Erfahrung unabhängige, nicht aus der Erfahrung entstandene Anschauungen. Jede Erfahrung setzt immer schon Raum und Zeit voraus. Als „reine“ Anschauungen sind sie notwendig, denn es lassen sich zwar alle Gegenstände aus ihnen, nicht aber sie selbst fortdenken. Die einzelnen Anschauungen beruhen vielmehr erst darauf, daß ihnen Raum und Zeit als notwendige und allgemeine Anschauungsformen zugrunde liegen; sie sind also die Gesetze der Beziehungen, in denen wir allein das Mannigfaltige der Empfindungen vorzustellen vermögen. Sie sind aber auch nur dieses; wären sie mehr, käme ihnen eine Realität zu, unabhängig von den Funktionen der Anschauung, so wäre die Apriorität der mathematischen Erkenntnis unmöglich. Raum und Zeit sind danach lediglich subjektive Formen der sinnlichen Anschauung.

3. Da diese Anschauungen von Raum und Zeit nur subjektive Formen sind, so mischt sich damit allen unseren Anschauungen etwas Subjektives bei; sie lassen uns die Dinge nicht erkennen, wie sie an sich sind, sondern nur, wie sie uns durch dieses subjektive Medium, Raum und Zeit, erscheinen. Das ist kurz das Resultat der Ästhetik, welches Kant in Ansehung der Grundbeschaffenheit der sinnlichen Erkenntnis in die Erklärung zusammenfaßt, „daß alle unsere Anschauung nichts als die Vorstellung von Erscheinung sei; daß die Dinge, die wir anschauen, nicht das an sich selbst sind, wofür wir sie anschauen, noch ihre Verhältnisse so an sich selbst beschaffen sind, als sie uns erscheinen; und daß, wenn wir unser Subjekt oder auch nur die subjektive Beschaffenheit der Sinne überhaupt aufheben, alle die Beschaffenheit, alle Verhältnisse der Objekte im Raum und Zeit, ja selbst Raum und Zeit verschwinden würden, und als Erscheinungen nicht an sich selbst, sondern nur in uns existieren können“ (III S. 72).

Wenn Kant hinzufügt: „Was es für eine Bewandtnis mit den Gegenständen an sich und abgesondert von aller dieser Rezeptivität unserer Sinnlichkeit haben möge, bleibt uns gänzlich unbekannt“, so ist dies natürlich kein Ergebnis der Ästhetik selbst, welches lediglich die Grenzbestimmung unserer sinnlichen Erkenntnis, nicht auch der Vernunfterkenntnis enthalten kann, sondern das antizipierte Resultat einer weiteren Untersuchung, der „transzendentalen Analytik“.

Auch dieser ist, wie oben bereits nachgewiesen, in der Inauguraldissertation schon vorgearbeitet.

Wie Raum und Zeit als Formen im Anschauungsvermögen, ebenso liegen im Verstande ursprünglich als Denkformen die Kategorien bereit, das sind die reinen Verstandesbegriffe.

Die 1772 gemachte systematische Entdeckung und Zusammenstellung der Kategorien gibt die Analytik in ihrem 1. Teil.

Auch das zweite Problem, die Erklärung der objektiven Giltigkeit der reinen Verstandesbegriffe, ist 1772 bereits aufgeworfen und negativ beantwortet.

Die positive Beantwortung dieser wichtigsten und schwierigsten Frage[1]) in der Kritik bringt die transszendentale Analytik in ihrem 2. Teil, der Deduktion der reinen Verstandesbegriffe.

1772 glaubte Kant das Problem der Deduktion gelöst und damit „den Schlüssel zu dem ganzen Geheimnisse der bis dahin sich selbst noch verborgenen Metaphysik“ gefunden zu haben und imstande zu sein, eine Kritik der reinen Vernunft vorzulegen, wovon er den ersten Teil, der die Quellen der Metaphysik, ihre Methode und Grenzen enthalten sollte, „binnen etwa drei Monaten“ herauszugeben versprach.[2])

Den Abschluß der „nicht unbeträchtlichen Arbeiten, die beinahe fertig liegen“, muß er jedoch 1773 um ein Weniges hinausschieben, er „kann jedoch beinahe mit Gewißheit eine kurze Zeit nach Ostern (1774) dasselbe versprechen[3]).“

Es vergehen indessen drei Jahre, bis Kant überhaupt wieder einmal etwas über den Stand der Arbeit verlauten

[1]) „Ich kenne keine Untersuchungen, die zur Ergründung des Vermögens, welches wir Verstand nennen, und zugleich zur Bestimmung der Regeln und Grenzen seines Gebrauchs wichtiger wären, als die, welche ich in dem zweiten Hauptstück der transszendentalen Analytik, unter dem Titel der Deduktion der reinen Verstandesbegriffe, angestellt habe; auch haben sie mir die meiste, aber, wie ich hoffe, nicht unvergoltene Mühe gekostet“ (Kritik, Vorrede S. 9).

[2]) VIII S. 691. [3]) Ibid. S. 695.

läßt. „Die Materien häufen sich unter meinen Händen", schreibt er am 24. November 1776 an seinen Freund Herz, „aber sie werden insgesamt durch einen Hauptgegenstand wie durch einen Damm zurückgehalten, von welchem ich hoffe, ein dauerhaftes Verdienst zu erwarten, in dessen Besitz ich auch wirklich zu sein glaube und wozu nunmehr nicht wohl nötig ist, es auszudenken, sondern nur auszufertigen." Die letzten Hindernisse habe er zwar den vergangenen Sommer überwunden, müsse aber zu dieser Arbeit wohl noch einen Teil des nächsten Sommers (1777) verwenden, obgleich er „wirklich niemals systematischer und anhaltender beschäftigt" gewesen sei.[1])

Doch auch 1777 will die Fertigstellung nicht gelingen und muß von Jahr zu Jahr verschoben werden, bis sie endlich 1780 erfolgt.

Neun Jahre unausgesetzten Schaffens hat Kant also gebraucht, um die Kritik der reinen Vernunft zustande zu bringen, und jedenfalls den größeren Teil an Zeit und Mühe, um die 1772 bereits gefundene schwierigste Aufgabe der Kritik in ihrer ganzen Allgemeinheit aufzulösen.

Die spärlichen Anhaltspunkte, welche uns die Entstehungsgeschichte der Kritik in dem Dezennium nach der Inauguraldissertation bietet, genügen, so vieldeutig sie auch sein mögen, daraus ersehen zu lassen, daß Kants philosophische Entwicklung im Jahre 1772 keineswegs abgeschlossen war und daß sich die Entwicklungsgeschichte nach 1772 keinesfalls so systematisch und glatt abgespielt hat, wie die spätere Darstellung der Prolegomena vermuten lassen könnte.

Die Darstellung dieser Periode der Kantischen Entwicklungsgeschichte muß aber hier ebenso wie die Entstehungsgeschichte der späteren Schriften unberücksichtigt bleiben; sie liegt bereits außerhalb der Umrahmung unserer Abhandlung, welche die Entwicklungsgeschichte der metaphysischen und erkenntnistheoretischen Anschauungen Kants nur bis zur Grundlegung des Kritizismus verfolgen wollte.

---

[1]) Ibid. S. 698.

FSC
www.fsc.org
MIX
Papier | Fördert
gute Waldnutzung
FSC® C083411

Kolibri 360 GmbH
Ferdinand-Jühlke-Straße 7
99095 Erfurt, Deutschland
produktsicherheit@kolibri360.de